Kartenentwürfe der Erde

Kartographische Abbildungsverfahren aus mathematischer und historischer Sicht

von

Dr. EBERHARD SCHRÖDER

Mit 64 Abbildungen

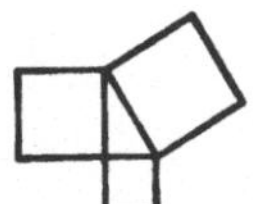

VERLAG HARRI DEUTSCH
THUN · FRANKFURT/MAIN
1988

Bildnachweis:
[6]: 12, 14, 36, 38, 52, 54, 57, 58, 63
[19]: 30, 32, 40, 47, 48, 62, 64
P. Schreiber: 15
Autor: restliche Abbildungen
Für die freundliche Überlassung von Bildmaterial aus den unter [6] und
[19] im Literaturverzeichnis aufgeführten Büchern spricht der Verfasser
den Herren Professoren Karl Strubecker (Karlsruhe) und Josef Hoschek
(Darmstadt) seinen aufrichtigen Dank aus.

CIP-Kurztitelaufnahme der Deutschen Bibliothek

Schröder, Eberhard:
Kartenentwürfe der Erde : kartograph. Abbildungsverfah-
ren aus math. u. histor. Sicht / von Eberhard Schröder. –
Thun ; Frankfurt/Main : Deutsch, 1988.
(Deutsch-Taschenbücher ; Bd. 61)
ISBN-13: 978-3-322-00479-6   e-ISBN-13: 978-3-322-84408-8
DOI: 10.1007/978-3-322-84408-8

NE: GT

ISBN-13: 978-3-322-00479-6
© BSB B. G. Teubner Verlagsgesellschaft, Leipzig, 1988
Lizenzausgabe für den Verlag Harri Deutsch, Thun, 1988
Lektor: Jürgen Weiß

Gesamtherstellung: INTERDRUCK Graphischer Großbetrieb Leipzig

Vorwort

Kernstück dieses Buches ist mein Vortrag „Kartographische Abbildungsverfahren aus mathematischer und historischer Sicht", gehalten während der 7. Tagung der Fachsektion „Geschichte, Philosophie und Grundlagen der Mathematik" im Herbst 1983 in Ilfeld/Harz.

Aus der Fülle des sich anbietenden Materials habe ich nun eine Auswahl getroffen, die nicht zu stark in die Breite führt und den roten Faden der historischen Entwicklung hervortreten läßt. Dem Leser wird verdeutlicht, welche innigen Verflechtungen zwischen dem Wissensstand von Geodäsie und Kartographie sowie dem jeweiligen Stand der Technik bestehen. Mit der Ableitung von Abbildungsformeln und der Untersuchung von Abbildungseigenschaften wird die praktische Anwendbarkeit der Mathematik – insbesondere der Infinitesimalrechnung – überzeugend demonstriert. Die mit Abbildungen der Kugelfläche in die Ebene grundsätzlich verknüpften geometrischen Einschränkungen erfordern ein kritisches und verständnisvolles Auswerten von ebenen Erdkarten, vor allem von Planisphären.

Die Fähigkeit zur anschaulichen Interpretation kartographischer Darstellungen sollte heute zum geistigen Allgemeingut gehören. Mit der Herausarbeitung historischer und entwicklungsmäßig bedingter Aspekte wird gezeigt, daß eine informative Weltkarte der Gegenwart das Endprodukt eines über Jahrtausende währenden Forschungs- und Erkenntnisprozesses darstellt.

Wertvolle Anregungen bei der Erarbeitung des Manuskriptes verdanke ich Herrn Dozent Dr. sc. nat. Peter Schreiber aus Greifswald.

Eberhard Schröder

Inhalt

Beyträge
zum
Gebrauche
der
Mathematik
und deren Anwendung
durch
J. H. Lambert.

Mit Kupfern.

Berlin, 1765.
im Verlage des Buchladens der Realschule.

Abb. 1. Titelseite des 1765 erschienenen Buches von Johann Heinrich Lambert (vgl. dazu S. 54)

Einleitung

In neuerer Zeit verstärkt sich das Interesse an historischen Landkarten und an farbigen Kartenreproduktionen. Reprints von Atlanten, deren Erstveröffentlichung bereits Jahrhunderte zurückliegt, sind außerordentlich begehrt, und auch die Eignung von alten Landkarten als Wandschmuck ist heute wiederentdeckt worden. Eine wesentliche Triebkraft dieses zunehmenden Interesses mag in der ästhetischen Ausdruckskraft historischer Karten begründet liegen. Ferner bietet das Betrachten derartiger Kartenwerke mit ihren auf unzulänglichen Informationen beruhenden Darstellungen der Küstenlinien, Flußläufe und Gebirgszüge im Zeitalter perfektester topographischer Beherrschung unserer Erde einen Reiz besonderer Art. Jedoch geben populärwissenschaftliche Darstellungen nur selten darüber Auskunft, welche Problematik zu bewältigen ist, um die gesamte Erdkugel oder auch nur Ausschnitte davon in die Ebene abzubilden. Man findet bei den Reproduktionen keine Information darüber, mit welchen Mitteln die Lage eines Punktes auf der Erde zur Entstehungszeit der betreffenden Karte koordinatenmäßig erfaßt worden ist. Liegen von einem größeren Gebiet der Erdoberfläche die Koordinaten von einer Vielzahl markanter Punkte vor, dann bereitet deren Verarbeitung für ein ebenes Kartenbild erneut Probleme. Da sich eine Kugelfläche oder nur Ausschnitte davon nicht verzerrungsfrei in der Ebene wiedergeben lassen, müssen die Mittel der Mathematik zum Zuge kommen. Spezielle Anliegen des Nutzers der Karte bilden dann den Ausgangspunkt für die Erarbeitung geeigneter Abbildungsvorschriften.
So wird die Forderung der Winkeltreue an eine kartographische Abbildung unter anderem von der Seefahrt erhoben, hingegen bevorzugt man flächentreue Entwürfe bei Karten zu politischen und wirtschaftlichen Themen. Winkeltreue und Flächentreue sind für das ebene Bild einer Kugelfläche

aber nicht gleichzeitig realisierbar. Andere Kartennutzer fordern die Abstandstreue von einem ausgezeichneten Bezugspunkt, z. B. dem Nordpol, oder von einer ausgezeichneten Bezugslinie, z. B. dem Äquator. In neuerer Zeit wurde eine Vielfalt von vermittelnden Entwürfen bereitgestellt, bei denen keine der obigen Forderungen exakt erfüllt ist. Diese konnten nur unter dem Einsatz der Infinitesimalrechnung entwickelt werden.

Im Verlaufe der fortschreitenden topographischen und kartographischen Erschließung der Erdoberfläche stellten sich zeitweise Schranken in den Weg, die durch den jeweiligen Stand der Instrumententechnik und der optischen Geräte bedingt waren. Selbst wagemutige Erkundungsfahrten hatten nur begrenzten wissenschaftlichen Wert, wenn die Ortsbestimmungen für neu entdeckte Inseln und Landstriche infolge unzulänglicher instrumenteller Ausrüstung sehr große Unsicherheiten aufwiesen.

Einerseits bedient sich die der Kartographie zuarbeitende Geodäsie seit jeher der Mathematik als Hilfswissenschaft, andererseits sind die Fortschritte der Geodäsie – etwa bezüglich der Erschließung von wahrer Größe und Gestalt der Erde, sowie der Längen- und Breitenbestimmung markanter Punkte der Erdoberfläche – an gewisse materielle, insbesondere gerätetechnische Voraussetzungen geknüpft. Alle Entwicklungen von Geodäsie und Kartographie müssen deshalb unter dem Aspekt der Wechselwirkung zwischen Wissenschaft, handwerklichem Können und Industrie gesehen werden. Die Präzisierung von kartographischen Abbildungsmethoden ist somit in Verbindung mit der Erfüllung von gesellschaftlichen Anliegen zu sehen, die in einem historischen Entwicklungsprozeß herangereift sind.

Mit dem vorliegenden Büchlein wird der Zweck verfolgt, Verständnis für jene Verzahnung zu erwecken, die zwischen dem Wissensstand der Mathematik, dem Entwicklungsstand der Meß- und Feingerätetechnik und den Fortschritten von Geodäsie und Kartographie besteht. Da Atlanten und Karten zu den Druckerzeugnissen gehören, die vom Nutzer auch nach der Schulzeit immer wieder zu Rate gezogen wer-

den, sollte möglichst früh das Verständnis für derartige Zu-
sammenhänge geweckt und das grundlegende Wissen darüber vermittelt werden. In der Schulpraxis ergeben sich
zahlreiche Anknüpfungspunkte zu diesem Stoffkomplex: im
Unterricht für Mathematik, Physik, Geschichte, Gesell-
schaftswissenschaften und in speziellen Arbeitsgemeinschaf-
ten.
Diese Motivationen implizit verarbeitend, werden in dem
hier zur Verfügung stehenden Rahmen folgende Problem-
kreise behandelt:

1. Historisches zur Erschließung der wahren Größe und Gestalt der Erde.
2. Grundsätzliche geometrische Aussagen globaler und lokaler Art über die Abbildung eines Globus in eine
   Ebene.
3. Problematik der koordinatenmäßigen Erfassung von
   Punkten der Erdoberfläche.
4. Mathematisches und Historisches zu speziellen kartographischen Netzentwürfen.

Die Behandlung der Netzentwürfe im zweiten Teil des
Büchleins hat nicht eine lehrbuchmäßige Vollständigkeit
zum Ziel.
Hingegen wurden gut überschaubare Zugänge zu den Abbildungsgleichungen angestrebt, wobei auch zahlreiche historische Aspekte mit eingearbeitet worden sind.
Aus sachlicher Sicht erfolgt eine Zweiteilung nach echten
und unechten Kartenentwürfen. Die echten werden nach Zy-
linder-, Azimutal- und Kegelentwürfen untergliedert, und
von den unechten Entwürfen werden einige klassische Beispiele demonstriert. Wegen des schwierigeren mathematischen Zuganges erfahren einige der in jüngerer Zeit entwik-
kelten vermittelnden unechten Entwürfe nur eine kurze
Erwähnung.
Wesentliches Anliegen soll es sein, beim Leser Verständnis
dafür zu wecken, wie die Herausbildung und Verfeinerung
kartographischer Abbildungsmethoden in das gesamte geschichtliche Umfeld eingebettet war und noch ist.

1. Koordinatenfreie kartographische Abbildungen der Erde in der Antike und im Mittelalter

Neben Sprache und Schrift gehörten zeichnerische Darstellungen bereits in früher Zeit zu den herkömmlichen Verständigungsmitteln der Menschen untereinander, etwa bei der Anlage von Bauwerken, bei der Projektierung einer Wehranlage oder eines Verbindungsweges durch schwer erschließbares Gelände. Dabei fand der bildhafte Entwurf zunächst in Sand, auf Holz-, Schiefer- und Wachstafeln oder auf Pergament, also auf vergänglichem Material, eine grobe Fixierung. Zur Beschreibung längerer Marschrouten – beispielsweise für Pilgerwanderungen, für Botengänge oder bei Jagd- und Beutezügen – mag man sich ebenfalls zeichnerischer Mittel bedient haben.

Als ein indirekt aus der Antike überliefertes Zeugnis solcher Orientierungshilfen sei hier die „Tabula Iternaria Peutingeriana" vorgestellt. Diese heute in der Wiener Staatsbibliothek aufbewahrte Karte stammt aus dem 12. Jahrhundert. Sie führt den Namen eines ihrer letzten Privateigentümer, des Augsburger Humanisten KONRAD PEUTINGER (1465–1547). Nach heutiger Sprechweise bietet die Karte einen Überblick über Kommunikationen und Lagebeziehungen wichtiger Orte des römischen Kaiserreiches. Sie enthält 3 300 Stationen, 600 Ortsnamen und 500 Stadtsymbole sowie genaue Skizzen der Verbindungen mit Entfernungsangaben über eine Gesamtstrecke von 70 000 römischen Meilen, d. h. 105 000 km (Abb. 2). Es gibt Anhaltspunkte für die Annahme, daß die Peutinger-Karte nach einer Vorlage aus dem 4. Jahrhundert entstand. Als Urheber wird ein sonst nicht bekannter Römer namens CASTORIUS (um 340 u. Z.) vermutet. Seine Karte wird als redaktionell überarbeitete Kopie einer aus dem 1. Jahrhundert stammenden Vorlage angesehen. Die Entstehung der ursprünglichen Karte bringt man in Zusammenhang mit einer Anweisung von Kaiser AUGUSTUS, in dessen Regierungszeit (31 v. u. Z. bis 14 u. Z.) die Zeiten-

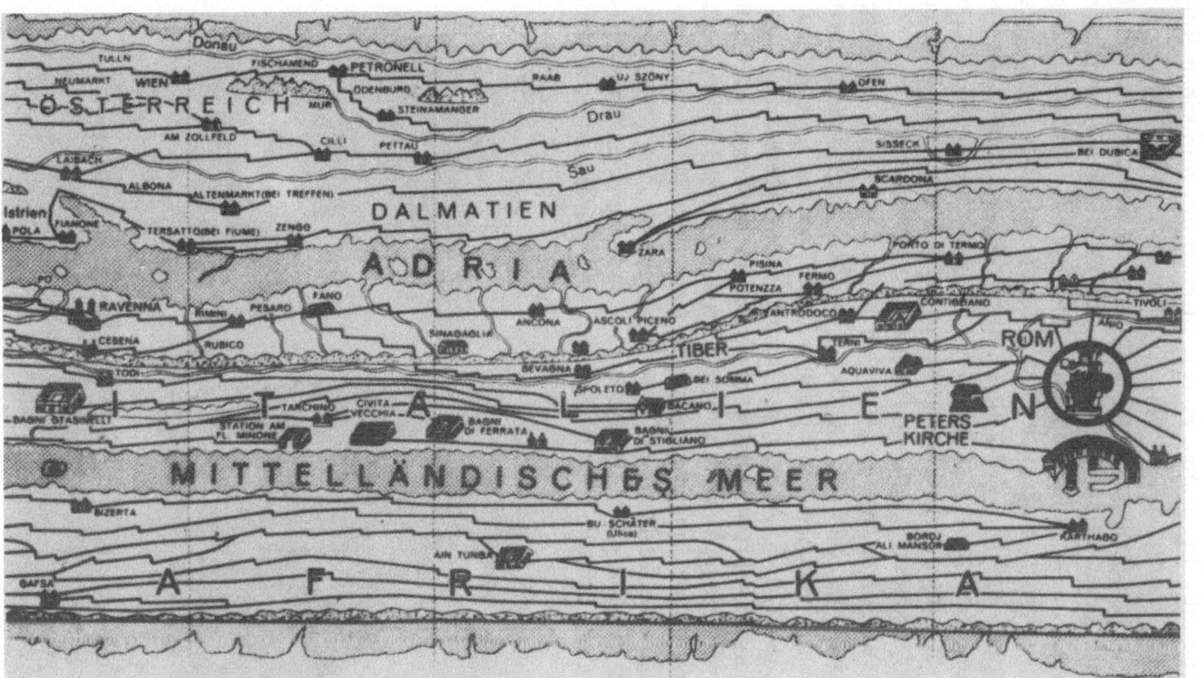

Abb. 2. Ausschnitt aus der „Tabula Peutingeriana"

wende fällt. Er ordnete an, die Straßen des römischen Reiches zu vermessen und Marschroutenkarten für seine Legionen auszuarbeiten. Grundsätzlich stand für die römischen Auftraggeber stets das praktisch und militärisch verwertbare Kartenbild im Vordergrund des Interesses. Nach historischer Überlieferung soll auch der Feldherr MARCUS VIPSANIUS AGRIPPA (63–12 v. u. Z.) über eine Wegekarte der damals bekannten Welt verfügt haben. Doch um eine geometrische Fundierung des Abbildungsvorganges für die das Mittelmeer umgrenzenden Länder war man nicht bemüht.

Das Verlangen, die gesamte von Menschen bewohnte Welt bildhaft darzustellen, ist zu dieser Zeit auch bei anderen Völkern belegbar. Eine babylonische Tontafel vom 5. Jahrhundert v. u. Z. (Abb. 3), die im Britischen Museum in London aufbewahrt wird, ist wohl als das älteste Zeugnis für den Entwurf einer Weltkarte anzusehen. Über viele Jahrhunderte herrschte als „imago mundi“ die nach dem TO-Schema angelegte Weltkarte vor. In eine Kreisscheibe, den orbis terrarum, die vom Ozean umgeben ist, sind die drei damals bekannten Erdteile Europa, Asien und Afrika schematisch

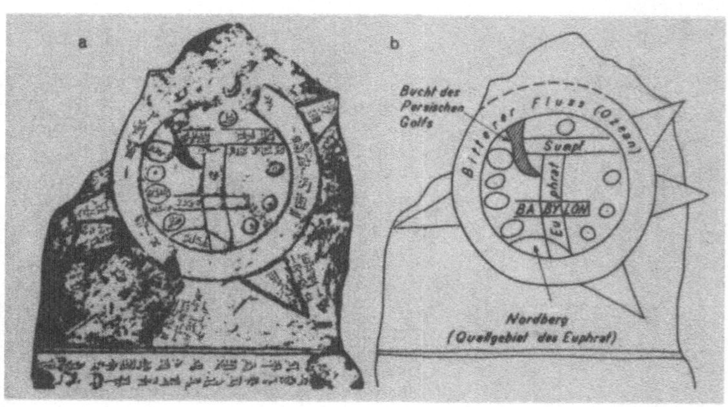

Abb. 3.
a) Babylonische Weltkarte in Form eines gebrannten Tonplättchens um 500 v. u. Z. (Originalgröße 10–11 cm)
b) Schematische Umzeichnung und Beschriftung der Weltkarte von Babylon nach CEBRIAN und KÜHN. Babylon liegt in der Mitte der als Scheibe dargestellten und im Weltmeer schwimmenden Erde

eingepaßt. Der oberen Halbkreisfläche entspricht Asien, dem linken unteren Viertel Europa und dem rechten unteren Viertel Afrika. Die Erdteile werden durch Wasser voneinander getrennt. Die waagerecht liegende Wasserscheide symbolisiert den Don und den Nil, während die unteren Viertelkreise durch das Mittelmeer voneinander getrennt werden (Abb. 4).

Diese Art der bildhaften Weltaufteilung fand in der Lehre des Kirchenvaters AUGUSTINUS (354–430) Aufnahme, wobei Jerusalem als Ausbreitungszentrum der christlichen Glaubenslehre in den Mittelpunkt der Kreisfläche gesetzt wird.

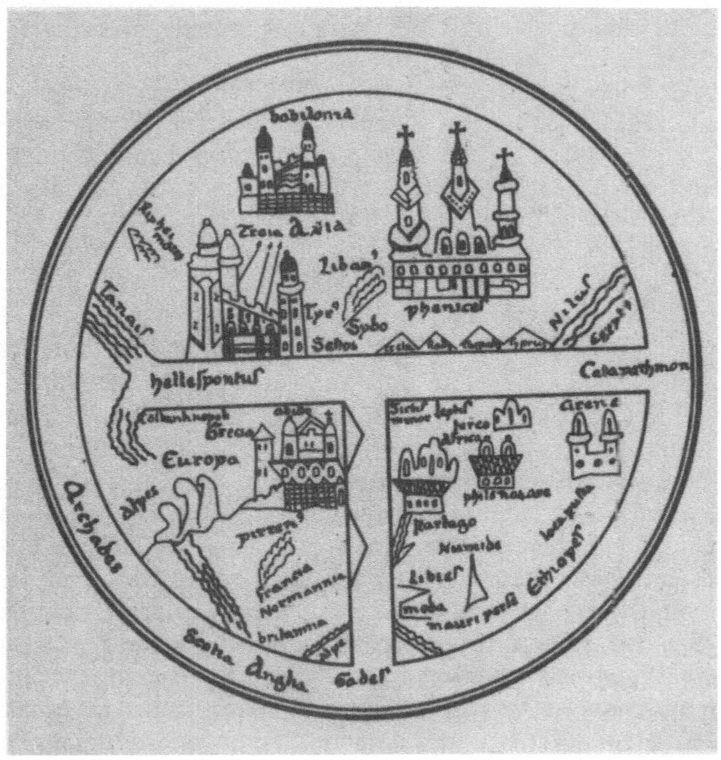

Abb. 4. Weltkarte nach dem TO-Schema aus einem Leipziger Kodex des 11. Jahrhunderts

Nach dieser bis in das ausgehende Mittelalter immer wieder kopierten Auffassung erweckt die Kreislinie als Kartenrand mit den zum Mittelpunkt führenden Wassergrenzen den Eindruck eines Speichenrades. Daher spricht man bei diesem Kartentyp von Radkarten oder wegen der Speichenstellung auch von Karten nach dem TO-Schema. Aufgrund der Verbreitung dieses Kartentyps zur Römerzeit heißen solche Weltdarstellungen auch „Karten vom römischen Typus".

Die Besonderheit, den orbis terrarum in eine Kreislinie einzupassen, geht auf vorchristliche Zeit zurück, und jene bereits erwähnte zweieinhalb Jahrtausende alte babylonische Tontafel sowie weitere gegenständlich überlieferte Zeugnisse arabischer oder türkischer Herkunft stützen diese Hypothese.

Aus solchen Karten sind bestenfalls sehr grob Lagebeziehungen, jedoch keine Größenverhältnisse der Länder untereinander ablesbar. Die Küstenlinien weisen keine Ähnlichkeit mit der tatsächlichen Gestalt auf. Im Laufe des hohen Mittelalters wurden die TO-Karten mehr und mehr mit geographischen Informationen bereichert, und sie verloren dadurch ihren schematischen Charakter. Als schönstes Exemplar dieses Typs aus späterer Zeit galt die um 1234 entstandene Ebsdorfer Karte. Sie hatte einen Durchmesser von dreieinhalb Metern und war nach dem letzten Aufbewahrungsort, Kloster Ebsdorf in der Lüneburger Heide, benannt. Leider wurde sie im zweiten Weltkrieg zerstört.

Eine weitere bemerkenswerte Karte dieses Typs aus dem Jahre 1470 befindet sich in der Zeitzer Stiftsbibliothek. Dem Bild von Europa ist dort ein Viertel der Kreisfläche eingeräumt. Das Mittelmeer trennt Europa von Afrika, und der Don ist die Trennungslinie zu Asien. Europas Konturen (Spanien, Italien, Griechenland) sind gut erkennbar. Afrika erhält mehr als ein Viertel der Kreisfläche zugeordnet, während Asien weniger als die Hälfte der Kreisfläche einnimmt. Jerusalem deckt sich unverändert mit dem Kreismittelpunkt. Gegenüber älteren Vorlagen ist der Kreis um 90° im positiven Sinne gedreht, so daß Afrika oben, Europa im rechten unteren Viertel und Asien links unten liegt. Die Karte ist

also südorientiert. Einerseits ist sie zwar noch der Augustinischen Konzeption verpflichtet, andererseits wird aber die starre Aufteilung der Welt unter den drei Kontinenten im Verhältnis 1:1:2 aufgegeben. So verdeutlicht uns diese Karte, daß sich das Augustinische Schema unter einer Fülle neuerer und genauerer Informationen bereits in Auflösung befindet: in der Kartographie steht die sogenannte Ptolemäus-Renaissance bevor. Von der Seefahrt werden Karten gefordert, aus denen die Himmelsrichtung erkennbar ist. Die Möglichkeiten einer kombinierten Anwendung von Karte und Kompaß lagen bereits im Bereich der praktischen Vorstellung. Auch bezüglich der Reisedistanzen und der Art der Einbettung von Reiserouten in die weitere Umgebung strebte man nach präziseren Informationen.
Darüber hinaus brachten die Entdeckung des selbständigen Erdteils Amerika und die Weltumsegelung durch MAGELLANS Mannschaft zu Beginn des 16. Jahrhunderts das von dem Kirchenvater AUGUSTINUS postulierte Weltbild endgültig zum Einsturz. Auf dem Weg zu einer koordinatengebundenen Darstellung der Welt für Gebrauchskarten wird auf Grund der neuen Erkenntnisse und Anforderungen im Verkehr der Menschen untereinander nun unaufhaltsam vorangeschritten. Vor allem an der Schule von Alexandria sind von griechischen und anderen Mathematikern in dieser Richtung bereits in der Antike fruchtbare Vorarbeiten geleistet worden.

2. Erschließung von Kugelgestalt und Größe der Erde im Altertum und im Mittelalter

Alle Versuche, ein größeres zusammenhängendes Gebiet der Erdoberfläche in der Ebene bildhaft wiederzugeben, kamen an der Grundproblematik nicht vorbei, die bei der Abbildung eines Kugelausschnittes oder der gesamten Kugelfläche auf ein ebenes Flächenstück zu bewältigen ist.
Bereits bei der Abbildung des Mittelmeergebietes wurden Widersprüche offenbar, die in der Verschiedenartigkeit der Geometrien auf ebenen und gekrümmten Flächen begründet liegen. So beträgt z. B. die Winkelsumme in einem ebenen Dreieck 180°, während sie in einem sphärischen Dreieck stets größer als 180° ist. In einem ebenen Rechteck sind einander gegenüberliegende Seiten gleich lang; für ein von zwei Meridianen und zwei Parallelkreisen begrenztes „Rechteck" (vier rechte Winkel) gilt das nicht. Dieser Unterschied führte im Mittelalter beim Gebrauch von Plattkarten (vgl. 12.2.) zu Orientierungsfehlern und einer gewissen Hilflosigkeit.
Die grundsätzlichen Überlegungen und Beobachtungen zur Erschließung der Kugelgestalt und wahren Größe der Erde wurden bereits vor mehr als 2 500 Jahren angestellt. Für die geistige Elite der griechischen Antike galt die Lehre von der sphärischen Form der Erde als gesichert. Sie wurde um 500 v. u. Z. auch von PYTHAGORAS und seinen Schülern vertreten. Außerdem war sie in den von SOKRATES, ARISTOTELES und PLATON verkündeten Lehren mit enthalten. Der bei Mondfinsternissen auf dem Mond sichtbar werdende Schatten der Erde und das scheinbare Auftauchen von Schiffen am Meereshorizont galten zunächst als anschauliche Beweise für die Kugelgestalt der Erde. Bereits in der Antike wurde der bei Fahrten nach dem Norden zunehmende Höhenwinkel des Polarsternes und der Sternbilder des nördlichen Sternhimmels als Bestätigung der Erdkrümmung anerkannt, mindestens in nord-südlicher Richtung.
Unabhängig vom Erkenntnisstand der griechischen Antike

gibt es auch Belege aus Indien (um 320 u. Z.) und China (um 220 u. Z.), nach denen die Kugelgestalt der Erde zum gesicherten Wissensbestand der intellektuell fortgeschrittenen Schichten dieser Völker gehörte.

ERATOSTHENES (um 276 bis um 195 v. u. Z.), der Vorsteher der Bibliothek von Alexandria, hatte nicht nur die Idee für die Bestimmung des Erdumfanges, sondern er führte sie auch praktisch durch. Ihm war bekannt, daß sich in Syena, dem heutigen Assuan, ein tiefer Brunnen befand, in dessen Wasseroberfläche sich die Sonne am längsten Tag des Jahres (21. Juni) zur Mittagsstunde spiegelte. Sie stand also zu mittags für diesen Ort genau im Zenit. Wir würden heute sagen: Der Brunnen lag unter dem nördlichen Wendekreis. In Alexandria, das (ungefähr) auf dem gleichen Meridian wie Syena liegt, betrug zur selben Zeit die Zenitdistanz der Sonne 1/50 des Kreisumfanges, also 7°12′. Die terrestrische Distanz zwischen Alexandria und Syena stand aus der Feldvermessungen im Niltal zur Verfügung; sie betrug 5 000 Stadien. Folglich resultierte aus dieser einfachen astronomischen Breitenbestimmung ein Erdumfang von 250 000 Stadien (einem ägyptischen Stadion entsprechen 157,5 m). Damit ergibt sich die uns besser geläufige Längenangabe von 39 375 km für den Erdumfang, und dieser Wert weicht um etwa 1,5 % von dem heute bekannten Ergebnis ab (Abb. 5).

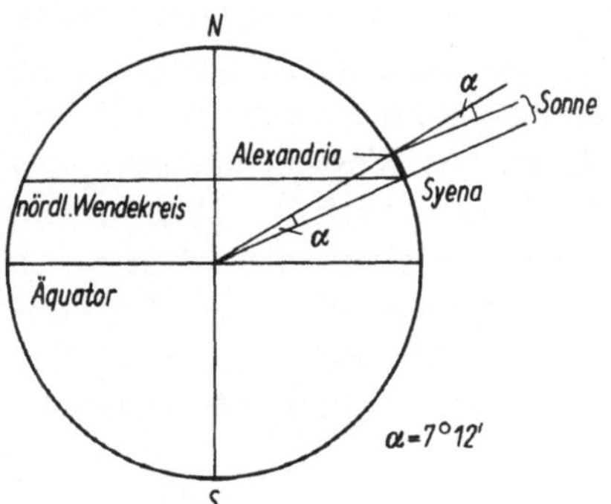

Abb. 5. Grundidee des ERATOSTHENES zur Umfangsbestimmung der Erdkugel im Meridianschnitt dargestellt

Irreführend wirkte sich in der Folgezeit die etwa 100 Jahre später von dem griechischen Astronomen POSEIDONIOS (135–51 v. u. Z.) durchgeführte Messung aus. Für die maritime Distanz Alexandria–Rhodos gab er 500 Stadien als Meßwert für ein Grad an. Hierbei handelt es sich jedoch um philetärische Stadien (einem philetärischen Stadion entsprechen 210 m). Der Erdumfang betrug nach seiner Messung 180 000 philetärische Stadien, und diese Angaben übernahm dann PTOLEMÄUS (um 90 bis um 160 u. Z.) in sein Werk „Geographie".

Im frühen Mittelalter jedoch war in Vergessenheit geraten, daß man zwischen dem ägyptischen Stadion (157,5 m) und dem philetärischen Stadion (210 m) zu unterscheiden hat. Bezüglich der Stadionzahl vom Erdumfang bezog man sich auf POSEIDONIOS bzw. PTOLEMÄUS (180 000) und bezüglich der Stadionlänge auf das ägyptische Stadion von 157,5 m. Daraus resultierte schließlich der viel zu kleine Erdumfang von 28 350 km. Auf dieser falschen Längenangabe fußend plante CHRISTOPH KOLUMBUS seine westliche Überfahrt in der Erwartung, nach Überwindung von 90 Längengraden der zu klein eingeschätzten Erdkugel die Ostküste Chinas zu erreichen. Heute wissen wir, daß für eine solche vermeintlich mögliche Überfahrt 210 Längengrade einer wesentlich umfänglicheren Erdkugel zu überwinden wären.

Noch im Mittelalter wurde beispielsweise dem Mittelmeer eine Ost-West-Ausdehnung von 62 Längengraden zugeschrieben, obwohl dieses sich nur über 42 Längengrade erstreckt. Hingegen war den arabischen Seefahrern und Kartographen des 13. Jahrhunderts die Ost-West-Ausdehnung des Mittelmeeres bis auf 2,5 Grad Genauigkeit bekannt. Die fehlerhafte Interpretation der Angaben des PTOLEMÄUS wurde erst durch GERHARD MERCATOR Mitte des 16. Jahrhunderts und gänzlich durch den Franzosen GUILLAUME DELISLE (1675–1726) zu Beginn des 18. Jahrhunderts behoben.

3. Koordinatenmäßige Erfassung von Punkten der Ebene und der Kugelfläche – Abbildungsbegriff

Allein dieser historische Rückblick zeigt, daß eine sinnvolle bildhafte Darstellung der Erdoberfläche nicht ohne koordinatenmäßige Erfassung von markanten Punkten dieser Fläche möglich ist. Ferner besteht das praktische Anliegen, daß man die zeichnerischen Wiedergaben von Ausschnitten der Erdsphäre auf einem ebenen Tisch ausbreiten kann. Die so gezeichneten und zusätzlich beschrifteten Bilder nennt man Karten, wobei prinzipiell folgendes Problem besteht: Wie kann man Punkte einer Kugelfläche (Globus) zunächst koordinatenmäßig erfassen, mittels eines vorgegebenen Abbildungsverfahrens in die mit einem Koordinatensystem überzogene Ebene eintragen und zu einem geschlossenen Bild vereinigen?

In der Ebene ist der Umgang mit Koordinatensystemen geläufig. Bei kartesischen Koordinaten haben wir zunächst ein Kreuz von zwei sich lotrecht schneidenden Achsen. Die ξ-Achse liegt waagerecht und ist nach rechts orientiert, während die dazu lotrechte η-Achse nach oben orientiert ist. Ferner ist auf beiden Achsen vom Ursprung 0 (Schnittpunkt der Achsen) ausgehend nach rechts und oben die Länge der Einheitsstrecke abgetragen. Von Ausnahmefällen abgesehen, sind diese stets gleich lang [1, S. 303], [2, S. 7]. Damit ist die Lage eines Punktes P in der Ebene durch die Vorgabe eines geordneten Zahlenpaares (ξ, η) eindeutig bestimmt (Abb. 6). Die erste Zahl heißt Abszisse und entspricht dem mit Vorzeichen behafteten Abstand des Punktes P von der η-Achse. Die zweite Zahl heißt Ordinate und entspricht dem Abstand des Punktes P von der ξ-Achse.

Verbindet man 0 mit P, so ergibt sich der Zeiger $\overrightarrow{OP} = \vec{r}$. Dieser schließt mit der positiven ξ-Achse den Winkel φ ein. Die Lage von P ist daher auch durch die Angabe von $|\vec{r}| = r > 0$ und φ mit $0 \leq \varphi < 2\pi$ eindeutig erfaßbar. Man nennt r und φ Polarkoordinaten von P. Die Wahl eines Ko-

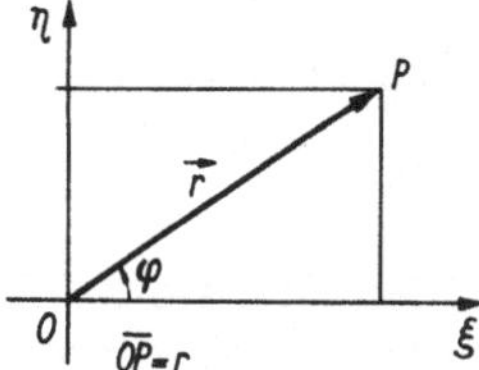

Abb. 6. Rechtwinklige Koordinaten und Polarkoordinaten in der Ebene

ordinatensystems (kartesische Koordinaten oder Polarkoordinaten) erfolgt in Anpassung an die Problemstellung. In der Kartographie haben beide ihre Daseinsberechtigung. Es gelten folgende Umrechnungsformeln:

$$\xi = r \cos \varphi, \qquad \eta = r \sin \varphi, \qquad r = \sqrt{\xi^2 + \eta^2},$$

$$\varphi = \begin{cases} \arctan \dfrac{\eta}{\xi} & \text{für 1. Quadranten,} \\[2ex] \dfrac{\pi}{2} & \text{für } \xi = 0,\ \eta > 0, \\[2ex] \pi + \arctan \dfrac{\eta}{\xi} & \text{für 2. und 3. Quadranten,} \\[2ex] \dfrac{3}{2}\pi & \text{für } \xi = 0,\ \eta < 0, \\[2ex] 2\pi + \arctan \dfrac{\eta}{\xi} & \text{für 4. Quadranten.} \end{cases} \tag{1}$$

Etwas mehr Überlegungen erfordert die koordinatenmäßige Erfassung eines Punktes $P(x,\ y,\ z)$ der Kugelfläche [4, S. 104]. Zunächst ist es naheliegend, die Drehachse der Erdkugel auszuzeichnen. Deren Durchstoßpunkte durch die Kugelfläche sind die Pole. Man denke sich eine dazu senkrecht stehende Ebene, die durch den Erdmittelpunkt geht. Sie schneidet die Kugelfläche nach einem ausgezeichneten Großkreis, nämlich dem Äquator. Achse und Äquatorebene dienen nun als Ausgangselemente für die Festlegung der Kugelkoordinaten. Jede Ebene durch die Kugelachse a schneidet die Kugelfläche nach einem Großkreis durch Nord- und Südpol. Halbebenen mit der Achse a als Begrenzungslinie schneiden die Sphäre nach Halbkreisen, den Meridianen, die Nord- und Südpol miteinander verbinden. Nun bedarf es nur noch der willkürlichen Festlegung eines Nullmeridians, bei dem die Zählung beginnt. Bekanntlich verläuft dieser Nullmeridian durch die Sternwarte von Greenwich. Je nachdem ob ein willkürlich vorgegebener Meridian durch eine Drehung des Nullmeridians in östlicher oder westlicher Richtung um einen Winkel u überdeckt werden kann, spricht man von östlicher oder westlicher Länge. Aus der Figur ist erkennbar, daß sich außer den Polen jedem Kugelpunkt eindeutig eine geographische Länge zuordnen läßt.

Um jeden Punkt der Kugelfläche eindeutig koordinatenmäßig erfaßbar zu machen, bedarf es noch einer zweiten Kreisschar. Hierzu stellt man sich eine Schar koaxialer Kegelflächen vor, deren Spitzen mit dem Kugelmittelpunkt und deren gemeinsame Achse mit der Drehachse der Erde zusammenfallen. Die Erzeugenden einer Kegelfläche aus der Schar schließen daher mit der Äquatorebene einen festen Winkel v ein. Ferner schneidet die aus der Schar herausgegriffene Kegelfläche die Kugelfläche nach einem Kreis, der parallel zur Äquatorebene liegt. Ein solcher Kreis heißt Parallelkreis oder Breitenkreis, und der zugehörige Winkel v ist die geographische Breite dieses Kreises. v kann die Werte

von $-\dfrac{\pi}{2}$ bis $\dfrac{\pi}{2}$ annehmen. Für $v > 0$ liegt der Breitenkreis

auf der nördlichen Halbkugel und für $v < 0$ auf der südlichen. Innerhalb der angegebenen Wertebereiche läßt sich nun jedem geordneten Zahlenpaar (u, v) eindeutig ein Punkt P auf der Kugelfläche $\varkappa$ zuordnen (Abb. 7).

Da eine Kugel ein dreidimensionales Gebilde ist, soll noch zusätzlich ein räumliches kartesisches Koordinatendreibein eingeführt werden. Aus naheliegenden Gründen legt man den Ursprung des (xyz)-Dreibeins in den Mittelpunkt von $\varkappa$, die xy-Ebene in die Äquatorebene und die positive z-Achse so, daß sie die Kugelfläche im Nordpol durchstößt. Ferner durchstößt die positive x-Achse die Kugelfläche im Schnittpunkt von Äquator und Nullmeridian. Hat $\varkappa$ den Radius Eins, so ergeben sich für einen Punkt $P(u, v) \in \varkappa$ folgende

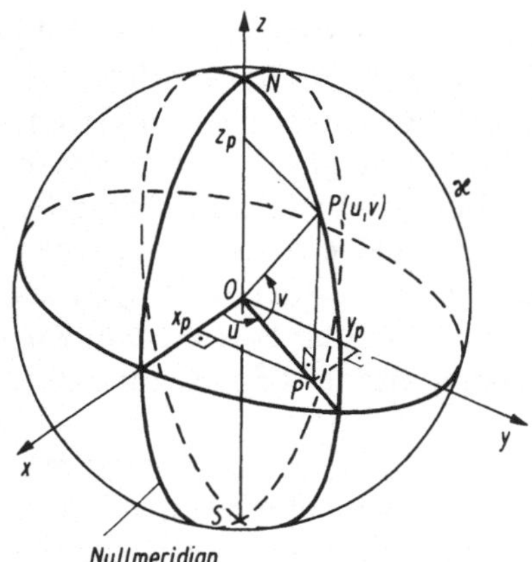

$\overline{OP} = 1,\quad \overline{OP'} = \cos v,\quad x_p = \cos u \cos v,\quad y_p = \sin u \cos v,\quad z_p = \sin v$

Abb. 7. Koordinatenmäßige Erfassung eines Punktes der Kugelfläche

auf das hier eingeführte orthogonale Rechtsdreibein bezogene Koordinaten:

$$x = \cos u \cos v, \quad y = \sin u \cos v, \quad z = \sin v. \tag{2}$$

Wie leicht nachprüfbar, ist die Probe $x^2 + y^2 + z^2 = 1$ erfüllt. Wenden wir uns nun dem Abbildungsproblem der Kugel zu. Die Bildfläche α muß nicht notwendig eine Ebene sein; es kann sich auch um eine Zylinder- oder Kegelfläche handeln. Wesentlich ist, daß sich diese Fläche α nach Vollzug der Abbildung – etwa einer Projektion – in eine Ebene abwickeln läßt. Kegel- und Zylinderflächen haben die Eigenschaft, daß man sie in eine Ebene abwickeln kann. Mit der Abwickelbarkeit einer Fläche ist auch gesichert, daß sich ihr ein kartesisches oder polares Koordinatensystem aufprägen läßt. Wir stellen uns daher die Bildfläche generell verebnet vor und sprechen unverändert von der Bildebene α. Eine Abbildung läßt sich formal etwa wie folgt fassen:
Nach den bisherigen Festlegungen sind u und v die Koordinaten eines Punktes $P \in \varkappa$ und ξ und η die Koordinaten eines Punktes $Q \in \alpha$. Sind ferner zwei Funktionen in den unabhängigen Veränderlichen u, v gegeben durch $\xi = \xi(u, v)$, $\eta = \eta\,(u,\,v,)$, so besitzt der Punkt $P = P\,(u^*,\,v^*)$ als Bild den

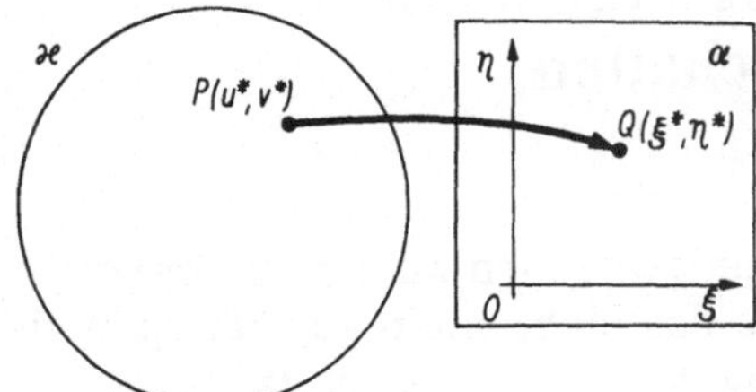

Abb. 8. Allgemeine Darstellung zur Abbildung eines Punktes der Kugelfläche in die Ebene

Punkt $Q(\xi(u^*, v^*), \eta(u^*, v^*)) = Q(\xi^*, \eta^*)$, (Abb. 8). Hierbei sollen sich die Variablen u und v auf die eingangs festgelegten Wertebereiche beschränken. In den für die Praxis wichtigen Fällen sind die Funktionen $\xi(u, v)$ und $\eta(u, v)$ nach u und v differenzierbar. Es existieren also die partiellen Ableitungen

$$\frac{\partial \xi}{\partial u} = \xi_u, \qquad \frac{\partial \xi}{\partial v} = \xi_v, \qquad \frac{\partial \eta}{\partial u} = \eta_u, \qquad \frac{\partial \eta}{\partial v} = \eta_v.$$

An kartographische Abbildungen wird in der Regel die Forderung gestellt, daß sie bis auf Ausnahmepunkte umkehrbar eindeutig sind. Aus dieser Forderung leitet sich ab, daß folgende Voraussetzung bis auf Ausnahmestellen erfüllt sein muß:

$$\xi_u \eta_v - \xi_v \eta_u \neq 0.$$

4. Stereographische Projektion und ihre Eigenschaften

Diese allgemeinen Darlegungen sollen an einem konkreten Beispiel illustriert werden, das nicht allein aus kartographischer Sicht von Bedeutung ist [2, S. 36], [4, S. 48]:
Die Kugelfläche $\varkappa$ werde durch Zentralprojektion auf eine Ebene α abgebildet. Das Projektionszentrum liege im Südpol S von $\varkappa$. Als Bildebene α fungiere die Äquatorebene von $\varkappa$, wobei sich der Mittelpunkt von $\varkappa$ mit dem Ursprung von α, die x-Achse mit der ξ-Achse und die y-Achse mit der η-Achse decken. Der von S nach dem Kugelpunkt $P(x, y, z)$ zeigende Strahl $\vec{p}$ läßt sich – bezogen auf die drei Basisvektoren $\vec{e}_1$, $\vec{e}_2$, $\vec{e}_3$ – wie folgt beschreiben:

$$\vec{p} = x\,\vec{e}_1 + y\vec{e}_2 + (1 + z)\,\vec{e}_3\,. \tag{3}$$

Der von S nach dem Punkt $Q \in \alpha$ zeigende Strahl $\vec{q}$ hat somit folgende Darstellung:

$$\vec{q} = \xi\vec{e}_1 + \eta\,\vec{e}_2 + \vec{e}_3\,. \tag{4}$$

Q ist genau dann Bildpunkt von P, wenn beide Punkte auf einem Projektionsstrahl durch S liegen (Abb. 9). In diesem Fall gilt für das vektorielle Produkt der Vektoren $\vec{p}$, $\vec{q}$:

$$\vec{p} \times \vec{q} = \vec{0}\,. \tag{5}$$

Die linke Seite von (5) läßt sich unter Beachtung einer besonderen Regel als dreireihige Determinante schreiben, nämlich:

$$\begin{vmatrix} \vec{e}_1 & \vec{e}_2 & \vec{e}_3 \\ x & y & 1 + z \\ \xi & \eta & 1 \end{vmatrix} = \vec{0}\,. \tag{6}$$

Aus (6) resultiert je eine Gleichung für jede der drei Komponenten, also

$$y - \eta(1 + z) = 0, \qquad x - \xi(1 + z) = 0, \qquad x\eta - y\xi = 0\,. \tag{7}$$

Hiervon sind nur die beiden ersten Gleichungen von Interesse. Löst man die erste nach η, die zweite nach ξ auf und

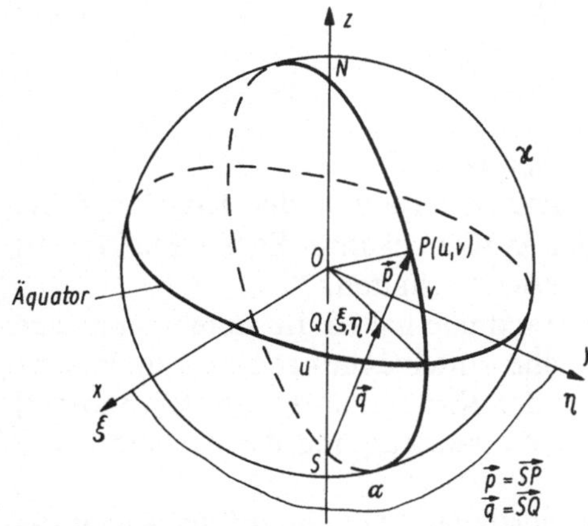

Abb. 9. Stereographische Projektion der Einheitskugel (Globus) aus ihrem Südpol auf die Äquatorebene

setzt für x, y, z die unter (2) gefundenen Ausdrücke, findet man die Abbildungsgleichungen in ihrer endgültigen Form:

$$\xi = \frac{\cos u \cos v}{1 + \sin v}, \qquad \eta = \frac{\sin u \cos v}{1 + \sin v}. \tag{8}$$

Aus dieser Darstellung der Abbildungsgleichungen ist leicht ablesbar:

1. Die Punkte des Äquators ($v = 0$) sind Fixpunkte der Abbildung.

2. Für $-\frac{\pi}{2} < v < 0$ liegen die Bildpunkte außerhalb des Äquatorkreises, für $0 < v \leqq \frac{\pi}{2}$ innerhalb des Äquatorkreises.

3. Für $v = -\frac{\pi}{2}$ ist die Abbildung nicht erklärt. Zähler und Nenner verschwinden. S hat keinen Bildpunkt.

Die Abbildungsformeln (8) mögen auf einen Kugelpunkt $P(u_0, v_0)$ mit $u_0 = \frac{\pi}{3}$, $v_0 = \frac{\pi}{6}$ angewandt werden.

Mit $\sin u_0 = \frac{1}{2}\sqrt{3}$, $\cos u_0 = \frac{1}{2}$, $\sin v_0 = \frac{1}{2}$, $\cos v_0 = \frac{1}{2}\sqrt{3}$ findet man nach (8)

$$\xi_0 = \tfrac{1}{6}\sqrt{3}, \qquad \eta_0 = \tfrac{1}{2}$$

als Koordinaten des Bildpunktes Q.

Das hier erklärte Abbildungsverfahren der Kugel auf die Ebene war bereits in der Antike bekannt. Es hat den Namen „stereographische Projektion" erhalten.

Zwei hervorstechende Merkmale haben die stereographische Projektion für theoretische Untersuchungen und praktische Anwendungen (z. B. in der Kartographie und Astronomie) brauchbar gemacht: die Winkeltreue und die Kreistreue der Abbildung.

Unter Kreistreue ist zu verstehen, daß ein auf der Kugel liegender Kreis bei Ausführung der Abbildung in eine Kreislinie der Bildebene übergeht. Eine Ausnahme besteht für jene Kugelkreise, die durch das Projektionszentrum hindurchgehen. Diese bilden sich auf eine Gerade ab.

Durch Rechnung soll die Kreistreue nachgewiesen werden. Jeder Kugelkreis ist als ebener Schnitt dieser Kugel $\varkappa$ erzeugbar, und deshalb gehen wir von der Gleichung einer Ebene ε allgemeiner Lage bezüglich des (xyz)-Dreibeins aus. Sie lautet:

$$Ax + By + Cz = D. \tag{9}$$

Aus (7) folgt durch Umstellung

$$x = \xi(1 + z), \qquad y = \eta(1 + z). \tag{10}$$

Setzt man die Formeln (10) in die Ebenengleichung (9) ein, ergibt sich nach kurzer Umformung

$$z = \frac{D - A\xi - B\eta}{C + A\xi + B\eta}. \tag{11}$$

Die Variablen x, y, z sind an die Gleichung

$$x^2 + y^2 + z^2 = 1 \tag{12}$$

(Gleichung für $\varkappa$!) gebunden.

Durch Einsetzen von (10) und (11) in (12) folgt nach einigen elementaren Umformungen

$$(\xi^2 + \eta^2)(C + D) - 2(A\xi + B\eta) = C - D. \tag{13}$$

Dies ist die Gleichung des in der xy-Ebene liegenden Bildkreises von jenem Kugelkreis, den die vorgelegte Ebene aus $\varkappa$ ausschneidet.

Einschränkend zu (9) ist noch zu vermerken, daß sich nur dann ein reeller Schnittkreis mit der Einheitskugel ergibt, wenn

$$\frac{|D|}{\sqrt{A^2 + B^2 + C^2}} < 1 \quad \text{gilt.}$$

Für den Sonderfall $C = -D$ entfallen in (13) die quadratischen Glieder. Gleichung (13) reduziert sich auf die Form

$$A\xi + B\eta = D, \tag{14}$$

also auf eine Geradengleichung. Dies ist genau die Schnittgerade der vorgegebenen Ebene mit der Bildebene. Da für $C = -D$ die Schnittebene ε das Projektionszentrum $S(0, 0, -1)$ enthält, ist kein anderes Ergebnis zu erwarten.

Es ist trivial einzusehen, daß die Breitenkreise auf eine Schar konzentrischer Kreise mit dem Koordinatenursprung als Mittelpunkt abgebildet werden. Die Meridiane gehen in ein Büschel von Geraden mit dem Ursprung 0 als Büschelträger über.

Der Begriff der Winkeltreue bei der Abbildung einer gekrümmten Fläche auf eine Ebene ist etwas schwieriger zu verstehen. Stellen wir uns auf der Kugel $\varkappa$ zwei sich in einem Punkt P schneidende Kurven c_1 und c_2 vor! Beide

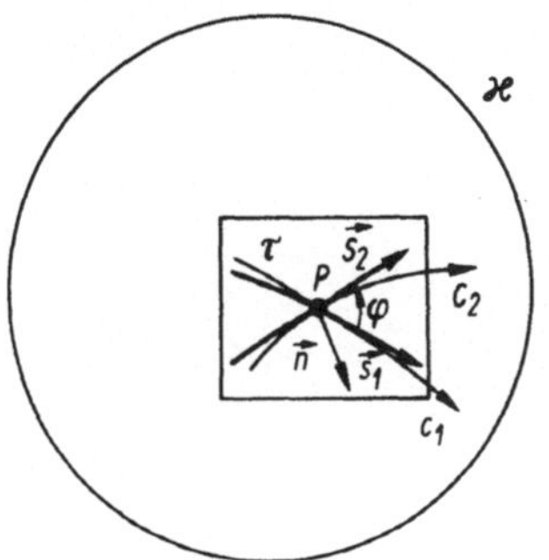

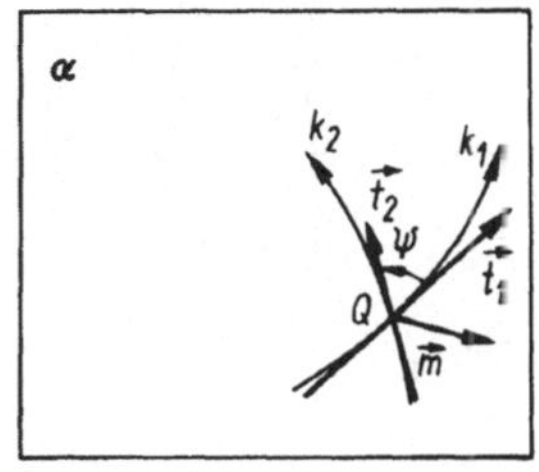

Abb. 10. Allgemeines zur Forderung der Winkeltreue bei der Abbildung gekrümmter Flächen aufeinander

Kurven sollen in jedem ihrer Punkte genau eine Tangente besitzen. Folglich lassen sich in P zwei Tangenten s_1 an c_1 und s_2 an c_2 angeben, die eine Ebene aufspannen. Dies ist die Tangentialebene τ an $\varkappa$ in P. In τ wird der Schnittwinkel der beiden Flächenkurven gemessen.

Die Bildkurven k_1 und k_2 schneiden sich im Bildpunkt Q von P. Auch an die Bildkurven lassen sich in Q zwei Tangenten t_1 und t_2 legen (Abb. 10).

Da Original- und auch Bildfläche orientiert sind, werde als Schnittwinkel jener Drehwinkel angesehen, der bei Drehung von s_1 nach s_2 im positiven Sinne durchlaufen wird. Im gleichen Sinne erfolgt die Winkelfestlegung zwischen t_1 und t_2. Im Falle der Winkeltreue gilt

$$\sphericalangle (s_1 s_2) = \sphericalangle (t_1 t_2).$$

Der Beweis für die Winkeltreue der stereographischen Projektion läßt sich mit elementaren Mitteln führen.

Durch den Abbildungsstrahl $\overrightarrow{S\text{-}Q\text{-}P}$ legen wir eine Hilfsebene σ, die auch den Ursprung 0 enthält. Diese Ebene identifizieren wir mit unserer Zeichenebene, und darin erscheint der Umriß von $\varkappa$ als Kreislinie. Die Bildebene α und die Tangentialebene τ stellen sich bei Normalprojektion auf die Hilfsebene σ als Geraden dar, welche sich in T schneiden. Auf Grund der vorliegenden Konstruktion wird gezeigt, daß das Dreieck TPQ gleichschenklig ist und die Strecke $\overline{PQ}$ als Basis besitzt. Dies ist durch Aufdeckung der Winkelbezie-

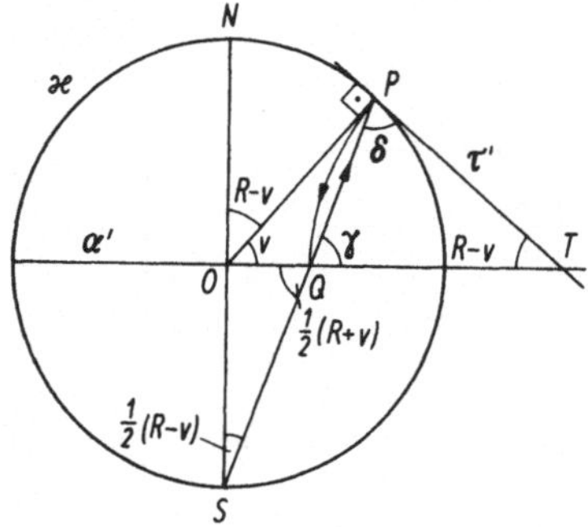

Abb. 11. Schnittdarstellung zum Nachweis der Winkeltreue der stereographischen Projektion

hungen in der vorliegenden Figur leicht möglich (Abb. 11).

Ausgehend von $v = \sphericalangle POT$ folgt weiter

$$\sphericalangle NOP = \sphericalangle OTP = R - v, \quad (R = \text{rechter Winkel}).$$

Ferner ist $\sphericalangle NSP$ ein der Kreissehne $\overline{NP}$ zugeordneter Peripheriewinkel. Wegen $\sphericalangle NOP = R - v$ für den entsprechenden Zentriwinkel gilt nach dem Satz vom Peripheriewinkel am Kreis

$$\sphericalangle NSP = \tfrac{1}{2}(R - v).$$

Für $\sphericalangle OQS$ als Komplementwinkel im rechtwinkligen Dreieck SOQ resultiert

$$\sphericalangle OQS = \tfrac{1}{2}(R + v).$$

Nach dem Satz über Scheitelwinkel an zwei sich schneidenden Geraden folgt

$$\gamma = \tfrac{1}{2}(R + v).$$

Durch Anwendung des Satzes von der Winkelsumme im ebenen Dreieck auf $\triangle QTP$ ergibt sich für die Größe des Winkels δ die Gleichung

$$\delta = 2R - (R - v) - \tfrac{1}{2}(R + v) = \tfrac{1}{2}(R + v).$$

Mit dem Nachweis der Gleichung $\gamma = \delta$ ist Gleichschenkligkeit des Dreiecks PTQ mit T als Scheitelpunkt dieses Dreiecks bewiesen.

Kehrt man zu der räumlichen Ausgangssituation zurück, so kann der Abbildungsvorgang $P \mapsto Q$ jetzt auch interpretiert werden als Umlegung der Tangentialebene τ an $\varkappa$ in P um ihre in der Bildebene α liegende Spur s, d.h. als eine Bewegung. Bei dieser Bewegung gehen die Tangenten s_i an c_i in die Bildtangenten t_i an k_i über. Der Schnittwinkel der Tangenten ist invariant gegenüber der Umklappung von τ nach α. Damit ist für die stereographische Projektion die Winkeltreue nachgewiesen.

Die Eigenschaften der Kreis- und Winkeltreue der stereographischen Projektion sind selbstverständlich unabhängig von der Wahl des Projektionszentrums auf $\varkappa$. Ist – wie hier – einer der Pole das Projektionszentrum Z, so spricht man von einer polständigen Projektion oder Azimutalprojektion.

Wählt man als Projektionszentrum einen Punkt des Äquators, so spricht man von einer querachsigen oder äquatorständigen Projektion. Die Bildebene α ist dann durch die Pole des Globus derart zu legen, daß der Vektor $\overline{OZ}$ Stellungsvektor von α ist. Wählt man etwa als Lage für Z den Schnittpunkt von Nullmeridian und Äquator, so liegen die Meridiane von 90° östlicher und westlicher Länge in α. Die Punkte dieser Meridiane gehen bei der Abbildung in sich selbst über.

Die Gesamtheit der Meridiane bildet sich auf ein Kreisbüschel mit Nord- und Südpol als Büschelträger ab, und ein derartiges Kreisbüschel nennt man elliptisch. Der Nullmeridian und sein Gegenmeridian gehen in die Verbindungsgerade NS über. Nun ist noch nach den Bildern der Breitenkreise zu fragen. Auf Grund der Kreistreue der Abbildung erwarten wir eine Schar von Kreisen. Wegen der Winkeltreue muß das Bild jedes Breitenkreises jeden Kreis des vorliegenden elliptischen Büschels senkrecht schneiden. Die Gesamtheit der Bilder der Breitenkreise nennt man ein hyperbolisches Kreisbüschel. Beide Büschel zusammen bilden ein Paar sich ergänzender Kreisbüschel, und jeder abgebildete Meridian hat mit jedem Bild eines Breitenkreises genau einen Punkt gemeinsam.

Das aus dieser Art der Abbildung resultierende Netz von Kreislinien ist auch aus physikalischer Sicht von großem Interesse, denn zwischen zwei elektrischen Punktladungen baut sich in einer durch diese Punkte gehenden Ebene ein elektrostatisches Feld auf. Die Kraftlinien dieses Feldes liegen in den Kreisbögen des elliptischen Kreisbüschels, hingegen decken sich die Äquipotentiallinien mit den Kreisen des hyperbolischen Kreisbüschels.

Wird das Projektionszentrum beliebig auf $\varkappa$ gewählt, so spricht man bei entsprechender Festlegung der Bildebene von einer schiefachsigen stereographischen Projektion. Alle drei Arten sind wichtig für Anwendungen in Kartographie und Astronomie (Abb. 12). Abschließend ist noch zu klären, auf welcher Seite von α bei der stereographischen Projektion von $\varkappa$ das gewünschte Kartenbild entsteht. Beim Erdglobus

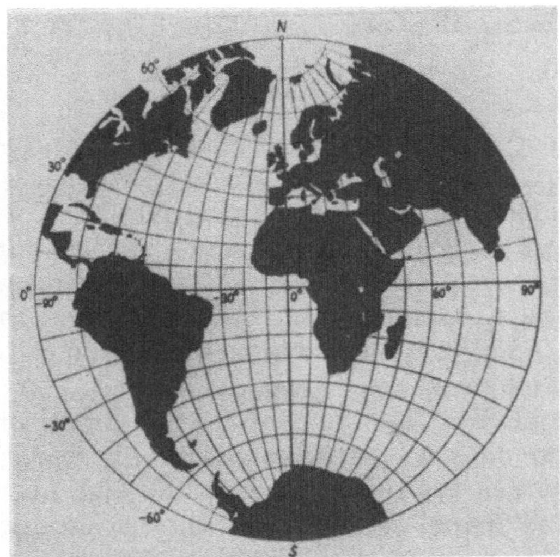

Abb. 12. Stereographische Projektion des Globus bei querachsiger Lage.
Das Projektionszentrum liegt im Gegenpunkt des Schnittpunktes von
Äquator und Nullmeridian

wird das gesuchte Kartenbild auf jener Seite von α erzeugt,
die dem Projektionszentrum Z abgekehrt ist. Prägt man etwa
einem von drei Städten aufgespannten Dreieck einen bestimmten Umlaufsinn auf, so muß dieser auch im Bild gewahrt bleiben.
Beim Himmelsglobus ist es genau umgekehrt. Die Sternörter
sind entsprechend ihren Positionen am Himmelsgewölbe auf
den Globus übertragen. Beim Betrachten des nächtlichen
Himmelsgewölbes schauen wir von innen auf den Rand der
hypothetisch gedachten Himmelskugel. Die Sternkarte ist
also auf der gleichen Seite von α einzutragen, auf der auch
das Projektionszentrum liegt. Nur so erscheinen die Sternbilder auch auf der Karte in den uns geläufigen Formen. Die
Winkeltreue sichert die Ähnlichkeit im Kleinen. Größenver-
gleiche sind jedoch bei stereographischen Projektionen un-
zulässig, da diese Abbildungsart nicht flächentreu ist, d. h.,
Winkeltreue und Flächentreue schließen einander bei Kartenentwürfen aus.

5. Historisches zur stereographischen Projektion

Die Entdeckung der stereographischen Projektion einer Kugelfläche auf eine Ebene schreibt man HIPPARCH VON NICÄA (um 190 bis um 125 v. u. Z.) zu. Auf ihn ging auch der Vorschlag zurück, die Erdkugel für Abbildungszwecke mit einem Netz von Längen- und Breitenkreisen zu überziehen. Als Astronom wandte HIPPARCH diese Projektionsart jedoch nur auf die Abbildung von Sternpositionen der hypothetischen Himmelskugel an.

Das von ihm erfundene Astrolabium besteht aus einer Grundscheibe, auf der die stereographischen Bilder von Himmelskreisen und Sternen wiedergegeben sind. Eine über dieser Grundscheibe exzentrisch und drehbar angebrachte zweite Scheibe entspricht der Ekliptik. Dem Astrolabium planisphaerium ist eine Kinematik aufgeprägt, die den jeweils sichtbaren Teil der Himmelskugel auf dem Hintergrund des stereographischen Abbildes in Abhängigkeit von Tages- und Jahreszeit für den Betrachter freigibt. CLAUDIUS PTOLEMÄUS (um 90 bis um 160 u. Z.), dessen Werke nur in arabischer Übersetzung überliefert sind, hatte in einer Abhandlung die Eigenschaften der Kreis- und Winkeltreue der stereographischen Projektion hergeleitet. Er erweiterte den Fixsternkatalog des HIPPARCH auf 1 022 Sterne. Trotz seiner bahnbrechenden Leistungen auf dem Gebiet der mathematischen Geographie und Kartographie wandte er diese Art der Projektion nicht auf den damals bekannten Teil der Erdkugel an.

Er war sich offenbar der Unsicherheiten bezüglich der astronomischen Ortsbestimmung von Punkten der Erdoberfläche bewußt und vermied es daher, diese unsicheren Meßdaten mittels der exakt definierten Abbildungsvorschrift auszuwerten.

Auch in der Spätantike und im Mittelalter fand die stereographische Projektion nur für Sternkarten Verwendung, da

Sternpositionen stets genauer als geographische Koordinaten von Punkten der Erdoberfläche zur Verfügung standen. Die islamischen Mathematiker des 9. bis 14. Jahrhunderts vervollkommneten das ebene Astrolabium aus theoretischer und praktischer Sicht. Im Mittelalter, wo astrologischen Weissagungen ernsthafter Glauben geschenkt wurde, herrschte nach den als Zifferblätter von Uhren ausgebildeten Astrolabien eine lebhafte Nachfrage.

Erst nach der Entdeckung Amerikas, durch die das Bedürfnis zur ebenen Darstellung einer Halbkugelfläche und mehr erweckt wurde, besann man sich wieder auf das Planisphärum des PTOLEMÄUS, und bei einer Neuauflage seiner „Geographie" wurde diese Projektion erstmalig auf die kartographische Wiedergabe von bekannten Teilen der Erde angewandt. Besondere Förderung erfuhr diese Abbildungsweise durch JOHANNES WERNER (1468−1528). Viele Atlanten des 16. bis 18. Jahrhunderts enthalten sowohl Erd- als auch Länderkarten in stereographischer Projektion.

Die Bezeichnung „stereographische Projektion" geht auf den Jesuitenpater FRANÇOIS D'AIGUILLON (1566−1617) zurück. JORDANUS NEMORARIUS (gest. 1237) behandelte die Projektion in einer Schrift mit dem Titel „Planisphärum", die erst 1507 gedruckt wurde. MICHEL CHASLES (1793−1880) und PIERRE DANDELIN (1794−1847) entdeckten die Lagebeziehung zwischen Mittelpunkt des Bildkreises und Spitze des Berührungskegels an den abzubildenden Kugelkreis auf analytischem bzw. synthetischem Weg.

Mit der Entdeckung des Kompasses (Genueser Nadel) und seinem Gebrauch in der Seefahrt zu Beginn des 13. Jahrhunderts waren erste Voraussetzungen für eine Loslösung von der Küstenschiffahrt geschaffen. In Anpassung an diese neue Gegebenheit kamen im Mittelmeergebiet die Portolankarten (von ital. portolan = Segelhandbuch) auf. An Stelle eines Gradnetzes enthalten diese bei sehr genauer Wiedergabe der Küstenlinien ein regelmäßiges Netz von Rhomben entsprechend der meist 16teiligen Windrose. Mittels dieser Karten war für den Kapitän die Festlegung der Route auch für küstenferne Fahrten möglich.

Später wandte sich das mathematische Interesse jenen sphärischen Kurven zu, deren Tangente mit der Nord-Süd-Richtung in jedem ihrer Punkte einen festen (von Null und $\frac{\pi}{2}$ verschiedenen) Winkel einschließt, den Loxodromenkurven. Für Überfahrten auf hoher See bot die Forderung, über größere Distanzen einen loxodromischen Kurs einzuhalten, eine leicht faßbare Seemannsregel. Diese sphärische Kurve wurde von dem portugiesischen Mathematiker PEDRO NUÑEZ (auch NONIUS) (1492–1577) definiert und für die Seefahrt empfohlen. Ein auf bestimmtem loxodromischem Kurs fahrendes Schiff würde sich dem Nord- oder Südpol auf einer Spiralkurve nähern. Die stereographische Projektion einer solchen Kurve aus einem der Pole als Projektionszentrum führt wegen der Winkeltreue auf eine logarithmische Spirale (Abb. 13).

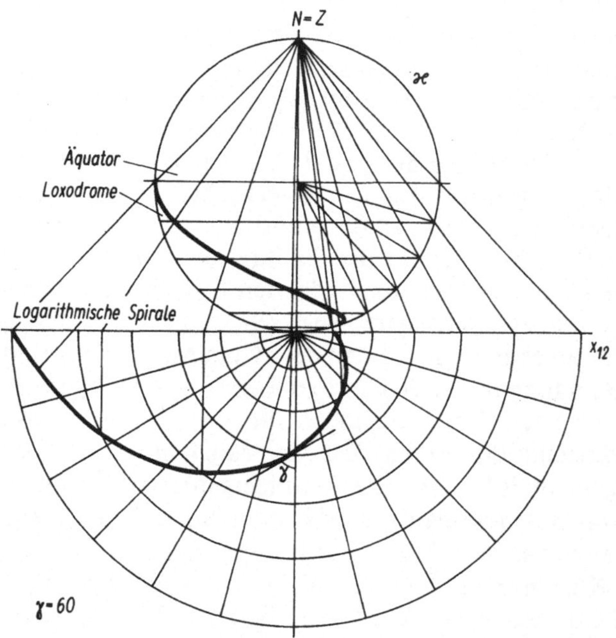

Abb. 13. Eine logarithmische Spirale als stereographische Projektion einer Loxodromen

In der Neuzeit findet die stereographische Projektion vorzugsweise bei amtlichen Kartenwerken von Ländern mit nicht zu großer Flächenausdehnung Anwendung, wie z. B. bei den Niederlanden, Polen, Ungarn und Rumänien Das Projektionszentrum wird bei diesen Anwendungen so gelegt, daß der Hauptpunkt der Karte etwa im Mittelpunkt der abzubildenden Landmasse liegt. Eine Modifizierung dieser Abbildung nach GAUSS und LAMBERT ist nicht perspektivisch. Es handelt sich hierbei um Kegelentwürfe, bei denen für je zwei Breitenkreise die Isometrie gewahrt bleibt.

6. Gnomonische Projektion, Historisches und Eigenschaften

Ein weiteres bereits aus der Antike bekanntes perspektivisches Abbildungsverfahren ist die Zentralprojektion der Kugel aus ihrem Mittelpunkt auf eine Ebene. Als Bildebene fungieren entweder eine Tangentialebene in einem der Pole oder eine Tangentialebene in einem Äquatorpunkt. Je nach Lage der Bildebene spricht man von einer gnomonischen Polarprojektion oder gnomonischen Äquatorialprojektion.

Die Eigenschaften dieser Abbildung sollen bereits THALES VON MILET um 600 v. u. Z. bekannt gewesen sein.

Die Bezeichnung leitet sich aus dem Namen der einfachsten Sonnenuhr ab, dem Gnomon. Dies war ein auf horizontaler ebener Fläche senkrecht stehender Stab. Er diente mindestens zur Bestimmung jenes Zeitpunktes am Tag, an dem der Stabschatten am kürzesten war. Daraus las man die Nord-Süd-Richtung und den Mittagszeitpunkt ab, aber auch Aussagen über die Längen von Jahreszeiten. Der Tag mit dem kürzesten Mittagsschatten war das Sommersolstitium und jener mit dem längsten Mittagsschatten das Wintersolstitium. Zwischen beiden lagen das Frühjahrs- bzw. Herbstäquinoktium (Tag- bzw. Nachtgleiche). Ein solcher Gnomon war mindestens geeignet, die Länge des Jahres und der Jahreszeiten aus dem Stand der Sonne mit einer für die Regulierung der Feldbestellung hinreichenden Genauigkeit ablesbar zu machen. Er erlaubte zusätzlich, eine Aussage über die Breitenlage des Standortes zu treffen. Der Höhenwinkel der Sonne zum Mittag eines Äquinoktiums ist gleich dem Komplementwinkel der geographischen Breite.

Würde man in einer sternklaren Nacht zu einem bestimmten Zeitpunkt durch die Spitze des Gnomons von jedem Fixstern einen Projektionsstrahl legen und diesen mit der umliegenden Ebene zum Schnitt bringen, so ergäbe die Gesamtheit der zusätzlich mit den Sternnamen bezeichneten Schnittpunkte bereits eine gnomonische Karte des sichtbaren Himmelsgewölbes. Nun ist es nur noch ein kleiner Schritt zur kartographischen Umsetzung in die oben beschriebene Projektionsart. Die gnomonische Projektion besitzt eine markante Besonderheit, die keinem weiteren Kartenentwurf zukommt: Großkreise der abzubildenden Kugel gehen in Geraden über. Großkreise auf der Kugel sind deshalb von Interesse, weil sie die kürzeste Verbindung zweier Kugelpunkte liefern. Sie finden Anwendung für die Kursbestimmung von transkontinentalen Schiffsverbindungen und für die Festlegung von Flugrouten zwischen weit entfernt liegenden Flughäfen. In neuerer Zeit führen viele Flugrouten über polare Regionen, weil der den Start- und Landeplatz verbindende Großkreisbogen diesen Kurs als ökonomisch günstigste Variante vorschreibt.

Ein Großkreis entsteht auf der Sphäre durch Schnitt der Kugel mit einer durch ihren Mittelpunkt gehenden Ebene. Da diese Ebene auch das Projektionszentrum enthält, entsteht bei Projektion des zugehörigen Großkreises auf eine Ebene eine Gerade. Als Nachteil versagt die Winkeltreue bei der Abbildung. Die Winkelsumme ist in jedem sphärischen Dreieck größer als 180°, jedoch das zugehörige Bilddreieck stellt ein ebenes Dreieck dar, in dem die Winkelsumme genau 180° beträgt. Aus dieser Tatsache folgt, daß hier keine winkeltreue Abbildung vorliegt. Mit der Winkelverzerrung ist aber auch eine starke Flächenverzerrung verknüpft. Daher vermag eine solche Karte keine anschauliche Vorstellung von der wahren Gestalt und den Größenbeziehungen der Länder und Kontinente zu vermitteln.

Als Beispiel soll untersucht werden, wie sich die Netzlinien des Globus bei der gnomonischen Äquatorialprojektion im Bild darbieten. Der Äquator wird zur Geraden, die Meridiane als Großkreisbögen gehen in eine Schar zueinander paralleler Geraden über. Sie schneiden das Äquatorbild senkrecht. Die vom Äquator verschiedenen Breitenkreise sind keine Großkreise, und der Kegel von Projektionsstrahlen an die Punkte eines Breitenkreises ist ein Drehkegel mit der Globusachse als Drehachse. Diese liegt parallel zur Bildebene. Das Schnittgebilde von Projektionsstrahlkegel und

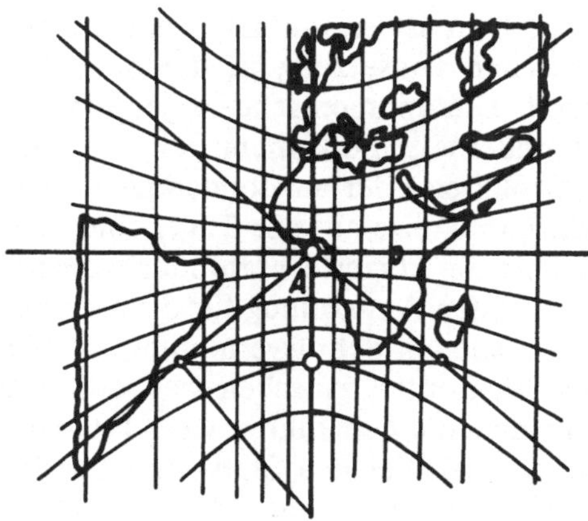

Abb. 14. Umrißkarte bei äquatorständiger gnomonischer Projektion des Globus

Bildebene ist daher nach bekannten Sätzen aus der Kegelschnittlehre eine Hyperbel. Die Breitenkreise bilden sich somit bei der gnomonischen Äquatorialprojektion auf Hyperbeln ab.

Das Bild der Netzlinien ist leicht konstruierbar, wobei sich anschaulich bestätigt, daß für diese Projektion die Winkeltreue versagt. Die Koordinatenlinien schneiden sich im Bild nicht mehr orthogonal.

Durch die Entwicklung weltweiter Verkehrsverbindungen zu Wasser und in der Luft hat die gnomonische Projektion an Aktualität gewonnen. Im Jahre 1909 existierten nur sieben gnomonische Ozeankarten, davon waren sechs von dem USA Hydrographic Office herausgegeben (Abb. 14). Die Annahme, daß bei kartographischen Abbildungen Großkreise stets in Geraden übergehen, ist bei Laien verbreitet. Davon zeugt auch eine Episode, die sich im Jahre 1843 im zaristischen Rußland auf höchster Ebene zugetragen haben soll: Beim Planen der Eisenbahnlinie von Moskau nach St. Petersburg war die Linienführung umstritten. Man suchte nach der kürzesten Verbindung, die selbstverständlich auf dem Großkreisbogen durch beide Städte liegen sollte. Meinungsverschiedenheiten gab es bei den Kartographen aber zur

Eintragung des Großkreisbildes in die Karte. Zar NIKO-
LAUS I. beendete den Streit, indem er ein Lineal nahm und
auf der Karte Moskau mit St. Petersburg durch eine Gerade
verband. Diese Konstruktion wäre aber nur dann richtig gewesen, wenn eine gnomonische Projektion vorgelegen hätte.

7. Geographische Längenbestimmung im Wandel der Zeiten

Diese einleitenden Beispiele haben uns verdeutlicht, daß ein wissenschaftliches Herangehen an kartographische Abbildungsverfahren allein über die Einführung von Koordinaten auf der Kugelfläche $\varkappa$ und in der Bildebene α möglich ist. Nur so läßt sich ein vorgegebenes Abbildungsverfahren analytisch fassen und auf seine geometrischen Eigenschaften untersuchen. Vorarbeiten hierzu waren schon in der Antike von griechischen Gelehrten geleistet worden. Nachdem die Lehre von der Kugelgestalt der Erde mindestens von den auf mathematisch-naturwissenschaftlichem Gebiet Forschenden jener Zeit akzeptiert worden war, stellte die Einführung von Längen- und Breitengraden auf der Sphäre durch den griechischen Astronomen HIPPARCH einen weiteren Fortschritt dar. Im 1. Jahrhundert v. u. Z. verfaßte der griechische Geograph STRABO seine 17bändige „Geographika". PTOLEMÄUS schrieb um 150 u. Z. ein auf STRABOS Arbeiten basierendes 8bändiges Werk „Einführung in die Geographie". Diese Meisterleistung der mathematischen Geographie des Altertums diente bis in das Mittelalter hinein als Hauptquelle für die Herstellung von Karten. Zu PTOLEMÄUS' wissenschaftlichen Leistungen gehörte eine Erdkarte, die von den Kanarischen Inseln im Westen bis nach China im Osten reichte. Diesem Werk lagen 8 000 Ortsbestimmungen nach geographischer Länge und Breite zugrunde. Es bleibt zu fragen, wie man sich die koordinatenmäßige Erfassung eines Standortes auf der Erde in der damaligen Zeit vorzustellen hat, wo weder zuverlässige Chronometer noch optische Geräte zur Verfügung standen. Von der Kugelgestalt der Erde ausgehend, war man sich klar, daß z. B. aus der Zeitdifferenz von einer Stunde für zwei Orte eine Längendifferenz von 15° resultiert. Wie sollte man jedoch einen Uhrenvergleich über eine größere Distanz durchführen? Telefon- oder Funkverbindungen standen noch nicht zur Verfügung, auch transportable Uhren im Sinne eines „time-keepers" waren noch nicht erfunden.

Der Einstieg zum Längenvergleich zweier Orte war nur über zeitlich exakt faßbare Naturereignisse möglich, die von den beiden Orten aus gleichzeitig beobachtbar sind. Sonnenfinsternisse scheiden somit hierfür aus. Eine totale Sonnenverfinsterung tritt für einen Ort dann ein, wenn dieser von dem auf der Erde wandernden Mondschatten getroffen wird. An zwei weit auseinanderliegenden Orten wird dies jedoch zu verschiedenen Zeiten geschehen, d. h., diese Möglichkeit eines Zeitvergleiches entfällt. Hingegen ist eine Mondfinsternis von allen im Sichtbarkeitsbereich liegenden Punkten der Erde gleichzeitig beobachtbar. Auf die Methode der Mondfinsternisse machte erstmals HIPPARCH um 130 v. u. Z. aufmerksam. An den zum Längenvergleich herangezogenen Standorten muß je ein Zeitnehmer aufgestellt werden, der die genaue Ortszeit feststellt, etwa bei Eintritt des Mondes in den Erdschatten.

PTOLEMÄUS griff diese Anregung auf und nutzte 150 u. Z. eine Mondfinsternis zur Bestimmung der Längendifferenz von Karthago und Gaugamela (Assyrien). Aus 3 Stunden Ortszeitunterschied folgerte er eine Längendifferenz von 45°. Diese Meßungenauigkeit hatte eine Fehleinschätzung der Ost-West-Ausdehnung des Mittelmeeres zur Folge, die sich noch bis in das 18. Jahrhundert hinein auf kartographische Wiedergaben des Mittelmeergebietes auswirkte.

Eine Verfeinerung der Mondmethode erfolgte durch den französischen Astronomen JEAN RICHER (1630–1696). Mit Hilfe von genaueren Mondkarten wurde der Eintritt des Erdschattens in bestimmte Mondgebirge an verschiedenen Standorten mit ortsgebundenen Zeitnehmern registriert. Diese Verbesserung setzte allerdings die Verwendung optischer Geräte voraus.

GALILEIS Erfindung des Fernrohres erweiterte das Blickfeld astronomischer Ereignisse, die von vielen Punkten der Erde gleichzeitig beobachtbar sind. Ein klassisches Beispiel hierfür sind die Okkultationen der Trabanten des Jupiters. Seit der Entdeckung von vier Jupitermonden durch GALILEI

(1610) beobachtete man genau die Umlaufzeiten dieser Monde und ihre Durchgänge durch den Schatten des Jupiters. Diese Zeiten wurden von G. D. CASSINI und anderen Astronomen tabellarisch erfaßt und für künftige Zeiten vorausberechnet. Der Vorschlag, die zeitlich genau meßbaren Mondverfinsterungen zur Längenbestimmung zu nutzen, geht auf den dänischen Astronomen OLE RÖMER (1676) zurück.

Auch Tabellen von Monddistanzen bezüglich anderer Fixsterne wurden für die Längenbestimmung herangezogen. VESPUCCI, ein Begleiter von KOLUMBUS, suchte mit dieser Methode geographische Längenunterschiede bezüglich des Heimathafens Lissabon zu messen. Die hierfür notwendigen Voraussetzungen, eine genaue Vertafelung der Monddistanzen und ein brauchbares Meßgerät für Distanzbestimmungen, waren zu dieser Zeit noch nicht erfüllt. Der Mond ändert seine Position bezüglich des Bildsystems der Fixsterne pro Stunde um etwa 1/2 Grad. Mittels der bis in das ausgehende 18. Jahrhundert ständig verbesserten Mondentfernungstabellen ließen sich terrestrische Standorte mit der Genauigkeit von einem Längengrad bestimmen. Als gerätetechnische Errungenschaft aus dieser Zeit ist der von dem Engländer J. HADLEY 1731 erfundene und konstruierte Spiegelsextant zu nennen. Dieser ermöglichte genaue Winkelmessungen zwischen Fixsternen sowie zwischen Mond und Fixstern auch vom Deck eines schwankenden Schiffes aus. JAMES COOK (1728–1779), der Weltumsegler, hatte bei seiner ersten Erkundungsfahrt 1768 bis 1771 auf diesem Wege seine Schiffspositionen bestimmt. Hilfreich für die erhöhte Genauigkeit der Meßergebnisse waren dabei die von dem Astronomen TOBIAS MAYER (1723–1762) verbesserten Mondtabellen. Auch der Arabienreisende CARSTEN NIEBUHR (1733–1815) führte mit Hilfe dieser Tabellen bei Ländererkundungen genaue Ortsbestimmungen durch.

Die Ost-West-Ausdehnung des Mittelmeeres war bei den Geographen des Altertums und Mittelalters eine heftig umstrittene Größe. Auf den Karten der niederländischen Meister des 17. Jahrhunderts erstreckte sich das Mittelmeer in der Regel über 52 Längengrade. 1694 zeigte der Marseiller Astronom JEAN-MATTHIEU DE CHAZELLES durch astronomische Ortsbestimmung, daß sich die Längsachse des Mittelmeeres aber nur über 41°41′ erstreckt. CÉSAR CASSINIS Landvermessungen in Frankreich reduzierten die bis dahin irrtümlich zu groß angenommene Ost-West-Ausdehnung dieses Landes um zwei Längengrade.

Erst mit der chronometrischen Methode wurde in neuerer Zeit ein voller Durchbruch zu einer zuverlässigen Längenbestimmung erzielt. Um 1530 machte erstmals der Niederländer RAINER GEMMA FRISIUS seine Zeitgenossen auf die Möglichkeit aufmerksam, mit Hilfe der soeben erfundenen tragbaren Uhren die geographische Länge eines beliebigen Standortes auf hoher See zu ermitteln. Die in Minuten gemessene Zeitdifferenz Δt zwischen der Ortszeit t_1 an einem Zielpunkt und der vom Ausgangsort mitgeführten Zeit t_0 läßt sich durch folgende Formel in die nach Grad zu messende Längendifferenz umsetzen:

$$\lambda^0 = \tfrac{1}{4}(t_1 - t_0)'.$$

Ist das Ergebnis positiv, so liegt der Zielpunkt östlich des Ausgangspunktes, andernfalls ist die Lagebeziehung umgekehrt. Die Ungenauigkeit der damals produzierten tragbaren Uhren erlaubte jedoch keine zuverlässige Längenbestimmung auf diese Art. Wegen der noch unbefriedigenden Art der Längenmessung, vor allem bei Fahrten auf hoher See, schrieb die britische Regierung im Jahre 1713 einen Preis in Höhe von 20000 Pfund für die beste Methode der Längenbestimmung aus. Als Zielsetzung war eine Meßgenauigkeit von wenigstens 0,5 Grad für die geographische Länge zu erfüllen.

Dieser Preis wurde zu gleichen Teilen an den englischen Chronometermacher JOHN HARRISON (1693–1776), den Astronomen TOBIAS MAYER (1723–1762) und an den Mathematiker LEONHARD EULER (1707–1783) verliehen.

EULERS Beitrag bestand darin, die Theorie der Mondbewegung vervollkommnet zu haben. HARRISON verstand es, die Unruhe seines Chronometers so zu gestalten, daß durch

Kompensation der Wärmeausdehnung ihrer Einzelteile die Schwingungszeit unbeeinflußt von Temperaturwechseln blieb. Eines seiner Chronometer soll bei einem Zeitvergleich mit Pendeluhren in 161 Tagen nur um 5 s von der Eichuhr abgewichen sein. JAMES COOK erprobte vier dieser neuen Chronometer auf seiner zweiten Erkundungsreise 1772 bis 1775 und gelangte damit zu astronomischen Ortsbestimmungen von bisher nicht gekannter Genauigkeit. Für unsere gegenwärtigen Vorstellungen von Genauigkeit ist zu bemerken, daß einem Fehler von 1 s bei der Zeitmessung auf dem Äquator ein Fehler von 450 m in der Ortsbestimmung entspricht. Die Resignation darüber spiegelt sich auch in einer Äußerung von COOK wider. Er meinte nach seiner ersten Erkundungsfahrt 1771, es lohne sich nicht, kleinere Inseln in die Karten einzutragen, da man sie auf Grund der fehlerbehafteten Ortsbestimmungen ohnehin bei späteren Fahrten nicht wiederfinden würde.

Ein nächster qualitativer Sprung erfolgte 1845 durch Einführung der telegraphischen Zeichenübertragung im Vermessungswesen, erstmals angewandt von der Küstenvermessungskommission der USA. Damit eröffnete sich die Möglichkeit, die Zeit mit einer Genauigkeit von 0,01 s über größere Strecken zu vermitteln. Dieser noch offene Spielraum der Zeitbestimmung schränkte den Fehler in der Längenbestimmung am Äquator auf 4,5 m ein. Mit Erfindung der Zeichenübertragung per Funk und der weiteren Verbesserung optischer Geräte war ein für die Belange der Praxis befriedigender Stand erreicht. Völlig neue Aspekte für geodätische Messungen bieten sich nun in der zweiten Hälfte des 20. Jahrhunderts durch den Einsatz von künstlichen Erdsatelliten in Kombination mit der Laser-Meßtechnik. Die Satellitennavigation ermöglicht Zeitmessungen von 0,0001 s Genauigkeit, wodurch Ortsbestimmungen auf der Erde im Größenbereich von Zentimetern möglich sind. Damit lassen sich Driftbewegungen von Kontinenten oder größeren Inselgruppen auch dann erfassen, wenn sie in der Größenordnung von wenigen Zentimetern pro Jahr liegen.

Zwecks besserer internationaler Abstimmung im Kartenwe-

Abb. 15. Briefmarke (100 Jahre Greenwich-Meridian)

sen wuchs das Verlangen nach einer verbindlichen Festlegung des Nullmeridians. Kardinal RICHELIEU erhob erstmals 1634 eine solche Forderung gegenüber den Kartographen. Ab 1672 benutzte man in Frankreich auf Vorschlag des Astronomen G. D. CASSINI (1625–1712) den durch die Sternwarte von Paris verlaufenden Meridian als Ausgang für die Längenmessung.

Andere Länder standen mit hauseigenen Nullmeridianen durch die Sternwarten ihrer Hauptstädte nicht nach, so für Pulkowo bei St. Petersburg, Neapel, Stockholm, Lissabon, Kopenhagen, Rio de Janeiro. Auf einer 1884 in Washington abgehaltenen Internationalen Konferenz zur Fixierung eines einheitlichen Nullmeridians einigte man sich nach langen Debatten, die durch die Greenwicher Sternwarte fixierte geographische Länge als Nullmeridian zu akzeptieren (Abb. 15).

Den Verfechtern dieses Vorschlages gelang der Nachweis, daß 65 % aller Schiffe, die zum Verhandlungszeitpunkt die Weltmeere befuhren, Seekarten mit dem Greenwicher Meridian als Nullmeridian verwendeten. Frankreich und Spanien orientierten sich noch einige Zeit auf ihre eigene Längenbestimmung und fügten sich erst später dieser internationalen Konvention.

8. Geographische Breitenbestimmung – Ermittlung der Erdabplattung

Mit der Bestimmung der geographischen Breite ist eine weitere Problematik verknüpft, die durch das Stichwort „Abplattung der Erde" erfaßt wird. Vor Behandlung dieses Fragenkomplexes soll von der idealisierenden Annahme ausgegangen werden, daß die Erde von Kugelgestalt ist..
Ferner werde zunächst vorausgesetzt, daß der Polarstern, der bei klarem Sternhimmel dem Wanderer die Nordrichtung anzeigt, genau auf einem sehr weit entfernten Punkt der Erdachse liegt. Dieser idealisierte Polarstern steht jederzeit unter einem bestimmten Höhenwinkel fest am Firmament. Wie aus Abb. 16 zu entnehmen ist, stimmt dieser Höhenwinkel genau mit der geographischen Breite des Beobachtungsortes überein. Je weiter man nach Norden fährt, desto größer wird der Höhenwinkel dieses Polarsternes. In subtropischen und tropischen Bereichen der nördlichen Erdhalbkugel hingegen steht der Polarstern im Norden flach über dem Horizont.

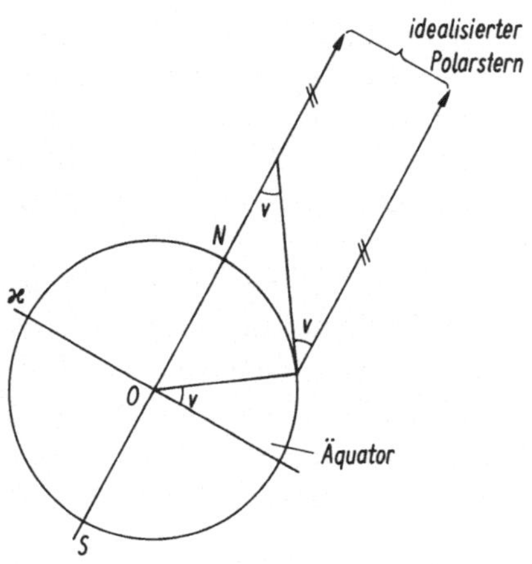

Abb. 16. Genäherte Breitenbestimmung aus dem Höhenwinkel des Polarsternes

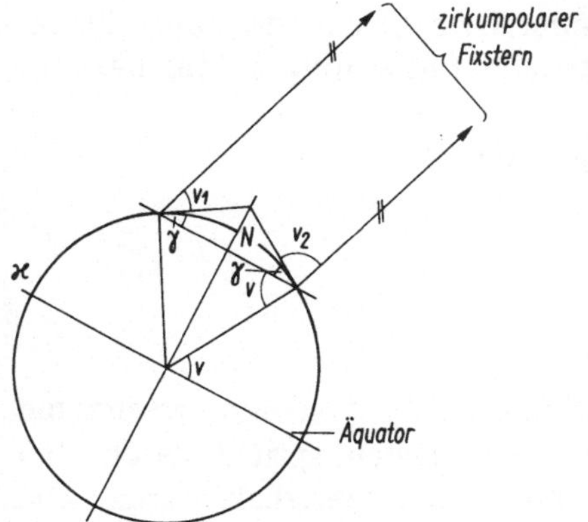

Abb. 17. Breitenbestimmung durch Messung von zwei Höhenwinkeln an einem beliebigen zirkumpolaren Stern

Über diesen Erfahrungsschatz verfügte man bereits in der Antike, und schon damals wurde daraus richtig abgeleitet, daß die Erde mindestens in nord-südlicher Richtung gewölbt sein müsse.

Da unser Polarstern aber täglich eine Scheinbewegung ausführt, ist ein genauer Zugriff zur geographischen Breite eines Beobachtungsortes nicht ganz so trivial. Als Orientierungshilfe für die Breitenmessung kann im Prinzip jeder zirkumpolare Fixstern herangezogen werden. Von dem ausgewählten Fixstern mißt man die Höhenwinkel v_1 und v_2 bei zwei Meridiandurchgängen, die knapp 12 Stunden hintereinander liegen. Ist v die geographische Breite des Beobachtungspunktes, so gilt nach Abb. 17 auf Grund elementargeometrischer Winkelbeziehungen die Gleichung

$$v_1 + v_2 + \pi - 2v = \pi.$$

Daraus folgt für die geographische Breite

$$v = \tfrac{1}{2}(v_1 + v_2).$$

Unter Orientierung auf die Fixsterne hat zweifellos ERATOSTHENES (um 276 bis um 195 v. u. Z.) die Breiten einiger von ihm kartographisch erfaßter Orte bestimmt. Auch die Berechnung des Erdumfanges U war ihm nur dadurch möglich, daß er die Breitendifferenz Δv zweier annähernd auf dem gleichen Meridian liegender Orte (Alexandria und Syena) auswertete, deren terrestrische Entfernung s ihm bekannt war.

Nach Abb. 5 gilt die Proportion

$$\frac{s}{U} = \frac{\Delta v}{2\pi}, \text{ aus der}$$

$$U = \frac{2\pi}{\Delta v} s$$

folgt. Die gute Übereinstimmung des von ihm errechneten Erdumfanges mit den neueren Daten spricht dafür, daß seine Breitenmessungen nur wenig fehlerhaft waren. Die Weltkarte des ERATOSTHENES enthielt nach überlieferten Beschreibungen außer dem Hauptbreitenkreis durch Rhodos sieben weitere Breitenkreise. Der südlichste lag in Höhe der Somali-Halbinsel, der nördlichste in Höhe der Insel Thule, also im nördlichen Skandinavien.

Wesentlich weiter reichten bereits in der Karte des CLAUDIUS PTOLEMÄUS (um 150 u. Z.) die Grenzen der bekannten Welt, der Ökumene. Sie lagen nach überlieferten Aufzeichnungen zwischen dem 16. Parallelkreis südlicher Breite und dem 63. Breitenkreis nördlicher Breite. Die Bestimmung der Breiten erfolgt auch hier aus der Höhe des Himmelspoles. Die Ost-West-Ausdehnung der Ökumene veranschlagte PTOLEMÄUS mit 180°, und die Folgen dieser Fehleinschätzung wirkten sich noch bis weit in das 15. Jahrhundert hinein aus.

Die Frage danach, ob die Länge der auf einem Meridian gemessenen Gradbögen unabhängig von der Breitenlage sei, erhob sich erst in der Zeit der Reformation der Kartographie und Geodäsie an der Wende zum 17. Jahrhundert. Bereits 1525 hatte JEAN FERNEL (1497–1558) durch Vermessungen auf dem Meridianbogen von Malvoisine bei Paris nach Amiens den Wert von 57 000 Toise (entspricht 111,211 km) ermittelt, doch vor allem seit Gründung der Französischen Akademie der Wissenschaften im Jahre 1666 war Frankreich bahnbrechend in den Meridianmessungen. Nachdem der Leidener Geometer und Mathematiker WILLEBRORD SNEL-

LIUS (1580–1626) die Triangulationsmethode entwickelt und erprobt hatte, wiederholte JEAN PICARD (1620–1682) die Meridianmessung FERNELS mit der neuen Methode. Als weitere Verbesserungen standen ihm Fernrohr mit Fadenkreuz, Logarithmentabellen und Wertetafeln von trigonometrischen Funktionen zur Verfügung (Abb. 18).

Nach Aufstellung der Newtonschen Gravitationstheorie und des Huygensschen Gesetzes über die Zentrifugalkraft wurden gewichtige Zweifel gegen die Vorstellung der Kugelgestalt der Erde erhoben.

Erstes Erfahrungsmaterial hatte bereits 1672 der französische Astronom RICHER eingebracht. Als er von der Pariser Akademie zu Marsbeobachtungen nach Cayenne geschickt worden war, bemerkte er, daß seine in Paris richtig gehende Pendeluhr in Cayenne täglich um mehr als 2 Minuten nachging. Aus der für die Schwingungszeit T eines Pendels der Länge l geltenden Formel

$$T = 2\pi \sqrt{\frac{l}{g}}$$

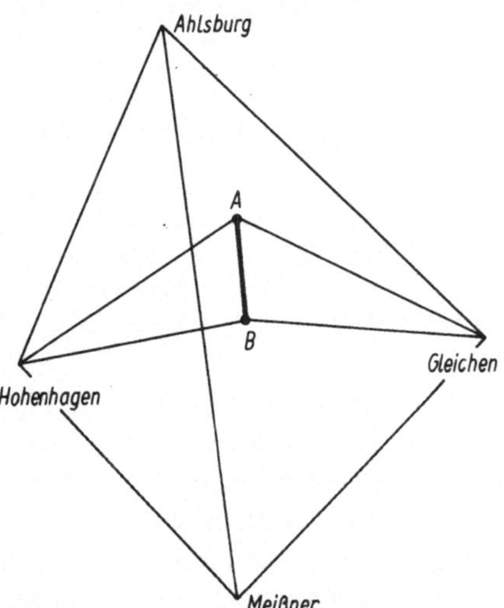

Abb. 18. Basisvergrößerung für terrestrische Entfernungsmessungen auf der Grundlage der Triangulation

war zu folgern, daß die Erdbeschleunigung g in Paris größer ist als in Cayenne. Dieser Unterschied ist nur mit dem Abplattungseffekt der Erde zu erklären. Um einer Antwort auch quantitativ näher zu kommen, mußten terrestrische Messungen an verschiedenen Abschnitten von Meridianbögen einerseits in der äquatorialen Zone, andererseits in einer polnahen Region durchgeführt werden. Für den Fall des abgeplatteten Drehkörpers mußten die sich an der Höhe des Himmelspoles orientierenden Breitenkreise in der Äquatorzone dichter als in den Polarregionen liegen. In entsprechender Weise würden dann auch die Meridiane von Kreislinien abweichen.

Im Jahre 1735 beschloß man in Frankreich, zwei Expeditionen auszurüsten. Die eine Expedition unter PIERRE BOUGUER (1698–1758) und CHARLES LA CONDAMINE (1701 bis 1774) begab sich nach dem heutigen Ekuador, das damals eine Provinz der spanischen Kolonie Peru war. Die andere wandte sich unter der Leitung von PIERRE LOUIS MOREAU DE MAUPERTUIS (1698–1759) und ALEXIS CLAUDE CLAIRAUT (1713–1765) nach dem schwedischen Lappland nördlich des Polarkreises. Folgende Meßergebnisse lagen nach Durchführung der Expeditionen vor:

Mittlere Breitenlage der Meßstrecke	Ausführende	Länge des Breitengrades (1 Toise $\triangleq$ 1,949 m)
$v_1 = -1°31'$	BOUGUER/LA CONDAMINE	$G_1 = 56\,734$ Toise
$v_2 = 49°13'$	PICARD	$G_2 = 57\,060$ Toise
$v_3 = 66°20'$	MAUPERTUIS/CLAIRAUT	$G_3 = 57\,438$ Toise

Rein quantitativ ist mit diesen Ergebnissen bereits die Hypothese der Erdabplattung bestätigt. Es sei aber nicht verschwiegen, daß sich die von MAUPERTUIS ermittelten Meßgrößen bei einer 70 Jahre später von SVANBERG wiederholten Gradmessung als ziemlich ungenau erwiesen. Die harten klimatischen Bedingungen in dieser damals noch unerschlossenen nördlichen Region mögen sich negativ auf die Genauigkeit der ersten Messungen ausgewirkt haben.

Der von der Kugel abweichende Drehkörper läßt sich mit guter Näherung durch ein abgeplattetes Drehellipsoid approximieren. Für die numerische Exzentrizität ε einer Ellipse mit der halben Hauptachse a und der halben Nebenachse b gilt [1, S. 328], [2, S. 42]:

$$\varepsilon = \frac{\sqrt{a^2 - b^2}}{a}.$$

BOHNENBERGER entwickelte eine Formel, die es erlaubt, ε aus zwei Wertepaaren der obigen Meßreihe mit guter Näherung zu berechnen. Diese lautet:

$$\varepsilon = \sqrt{\frac{G_i^{2/3} - G_k^{2/3}}{G_i^{2/3} \sin^2 v_i - G_k^{2/3} \sin^2 v_k}}, \quad i \neq k.$$

In der Geodäsie und Kartographie ist die Abplattung α eine wichtige Größe, die sich aus a und b nach der Formel

$$\alpha = \frac{a - b}{a}$$

ergibt. Diese Zahl war in der Folgezeit ein intensiv bearbeitetes Vermessungsobjekt, da sie auch in die Abbildungsgleichungen anspruchsvoller Kartenentwürfe mit eingeht. BESSEL berechnete aus der Gesamtheit der bis 1841 zur Verfügung stehenden zuverlässigen Meßergebnisse unter Verwendung des Verfahrens der kleinsten Quadrate die Erdhalbachsen a, b und α:
$a = 6\,377{,}397$ km, $\quad b = 6\,356{,}079$ km, $\quad \alpha = 1{:}299{,}15$.
Drei weitere Meßergebnisse neueren Datums seien hier noch angeführt:

HAYFORD   1909: $a = 6\,378\,388$ m, $\quad b = 6\,356\,912$ m,
                   $\alpha = 1{:}297{,}0$,
KRASSOWSKI 1940: $a = 6\,678\,245$ m, $\quad b = 6\,356\,863$ m,
                   $\alpha = 1{:}298{,}3$,
Satellit   1980: $a = 6\,378\,137$ m, $\quad b = 6\,356\,706$ m,
                   $\alpha = 1{:}298{,}257$.

HAYFORDS Datensatz von 1909 wurde im Jahre 1924 als Maß für das sogenannte Internationale Ellipsoid angenommen. Die Messungen aus jüngster Zeit mittels Satelliten und Laserstrahltechnik liegen den wahren Werten gewiß am nächsten.

Sicher ist weiterhin, daß die Annahme der Erdgestalt als abgeplattetes Drehellipsoid eine Idealisierung darstellt, die nicht mehr den modernsten Genauigkeitsforderungen entspricht.

Ein dieses Geoid ideal approximierendes abgeplattetes Drehellipsoid weicht von der tatsächlichen Erdgestalt im Mittel wellenförmig um ±30 m nach oben und unten ab. Lediglich im Bereich des indischen Subkontinents liegt eine Abweichung des Geoids vom Ellipsoid in der Größenordnung von −100 m vor.

Das Geoid ist als idealisiertes Abbild des Erdkörpers anzusehen, wobei die physikalischen Unebenheiten (Gebirge, Senken) unberücksichtigt bleiben. Man nivelliert die Oberfläche auf den theoretischen Stand des Meeresspiegels.

In den Abbildungsgleichungen für Kartenwerke, die sehr hohen Genauigkeitsansprüchen gerecht werden sollen, findet die Abplattung eine entsprechende Berücksichtigung. Am Beispiel des Mercator-Entwurfes wird noch gezeigt werden, wie die numerische Exzentrizität ε als Korrekturgröße in die Abbildungsformeln zwecks Wahrung der Winkeltreue eingeht.

Abschließend ist festzuhalten, daß auf Grund der Erdabplattung zwischen geographischer und geozentrischer Breite zu

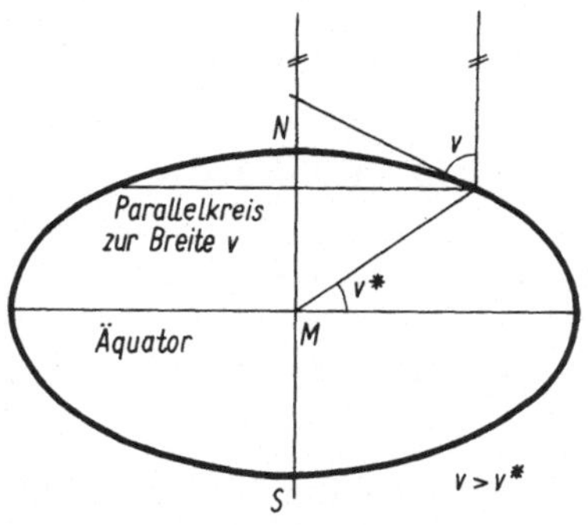

Abb. 19. Schnittdarstellung zur geographischen und geodätischen Breite eines Punktes der Erdoberfläche (Erdabplattung überzeichnet)

unterscheiden ist. Die geographische Breite ist der unmittelbaren Messung zugänglich. Die geozentrische Breite eines Ortes läßt sich aus seiner geographischen Breite nur dann erschließen, wenn außerdem die Abplattung $\alpha = \dfrac{a - b}{a}$ bekannt ist. Wie Abb. 19 zeigt, ist die geographische Breite außer an den Polen und am Äquator stets größer als die geozentrische Breite; unter der Breite von 45° beträgt diese Differenz etwa 11,5′.

9. Bereitstellung von Hilfsmitteln aus der Differentialgeometrie – Flächenmetrik

Bereits eingangs wurde vermerkt, daß die Mathematik unentbehrliche Hilfsmittel für die Kartenentwurfslehre bereitstellt. Infinitesimalrechnung, Vektoralgebra, Differentialgeometrie und Funktionentheorie bieten das theoretische Rüstzeug für alle Probleme, die bei der Abbildung einer Kugel auf die Ebene auftreten können. Eine erste zielgerichtete Anwendung der Infinitesimalrechnung auf kartographische Problemstellungen findet sich bei dem Mathematiker, Geometer und Naturwissenschaftler JOHANN HEINRICH LAMBERT (Abb. 20). In seinem 1765 erschienenen Buch „Beyträge zum Gebrauche der Mathematik und deren Anwendung" bezeugt der Abschnitt „Anmerkungen und Zusätze zur Entwerfung von Land- und Himmelskarten" diese Vorgehensweise. Die Mathematik ermöglicht eine übersichtliche Gliederung und zusammenfassende Darstellung der wichtigsten kartographischen Abbildungsverfahren. Im Laufe des 19. und 20. Jahrhunderts wurde mit Hilfe der Mathematik eine Vielfalt von Netzentwürfen als ebene Bilder des Erdglobus konstruiert, die speziellen Anforderungen von Wissenschaft, Wirtschaft, Politik und Militär gerecht werden. Ohne alle Möglichkeiten der Mathematik hier voll einzusetzen, soll im folgenden wenigstens einiges Rüstzeug der Vektoralgebra und Flächentheorie vorgestellt werden. Danach lassen sich in gestraffter Form jene Überlegungen nachvollziehen, die in einem oft langwierigen Entwicklungsprozeß zu der uns heute verfügbaren reichen Palette kartographischer Abbildungsmethoden geführt haben [1, S. 616], [3], [4, S. 99], [6].

Grundbegriffe der Raummetrik:

Man denke sich den dreidimensionalen Raum auf ein rechtwinkliges kartesisches Koordinatensystem (x, y, z) bezogen. Für den vom Punkt $P(x_p, y_p, z_p)$ zum Punkt $Q(x_q, y_q, z_q)$ weisenden Vektor $\vec{x}$ gilt die Darstellung

Abb. 20. JOHANN HEINRICH LAMBERT (1728–1777)

$$\vec{x} = (x_q - x_p)\vec{e}_1 + (y_q - y_p)\vec{e}_2 + (z_q - z_p)\vec{e}_3 \quad \text{oder}$$

$$\vec{x} = x_1\vec{e}_1 + x_2\vec{e}_2 + x_3\vec{e}_3.$$

$\vec{e}_1$, $\vec{e}_2$, $\vec{e}_3$ sind die in den Koordinatenachsen liegenden Basisvektoren. Für den von $R\,(x_r, y_r, z_r)$ nach $S\,(x_s, y_s, z_s)$ weisenden Vektor $\vec{y}$ gilt

$$\vec{y} = (x_s - x_r)\vec{e}_1 + (y_s - y_r)\vec{e}_2 + (z_s - z_r)\vec{e}_3 \quad \text{oder}$$

$$\vec{y} = y_1\vec{e}_1 + y_2\vec{e}_2 + y_3\vec{e}_3.$$

Für die Länge des Vektors $\vec{x}$ setzt man $|\vec{x}|$ (lies: Vektor x-Betrag), (Abb. 21).
Die Strecke $\overline{PQ}$ ist Diagonale eines Quaders mit den Kantenlängen x_1, x_2, x_3. Folglich gilt:

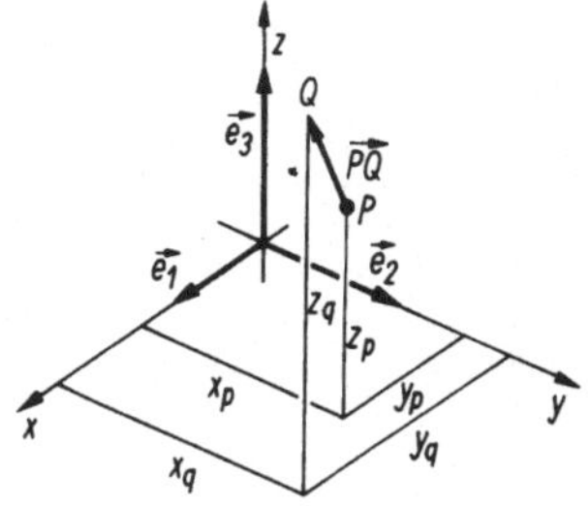

Abb. 21. Basisvektoren eines orthogonalen normierten Rechtsdreibeines

$$|\vec{x}| = \sqrt{x_1^2 + x_2^2 + x_3^2}\,.$$

Das aus den Vektoren $\vec{x}$ und $\vec{y}$ bildbare Skalarprodukt oder innere Produkt ist definiert durch

$$(\vec{x}\vec{y}) = |\vec{x}| \cdot |\vec{y}| \cos\varphi \tag{1a}$$

mit dem von den Vektoren $\vec{x}$ und $\vec{y}$ eingeschlossenen Winkel φ. Gleichwertig damit ist die Darstellung

$$(\vec{x}\vec{y}) = x_1 y_1 + x_2 y_2 + x_3 y_3\,. \tag{1b}$$

Im Falle der Orthogonalität von $\vec{x}$ und $\vec{y}$ verschwindet das Skalarprodukt.

Das aus den Vektoren $\vec{x}$ und $\vec{y}$ bildbare äußere Produkt oder vektorielle Produkt $[\vec{x}\,\vec{y}]$ liefert einen Vektor $\vec{z} = [\vec{x}\,\vec{y}]$ mit folgenden Eigenschaften:

1. $\vec{z}$ steht senkrecht auf der von den Vektoren $\vec{x}$ und $\vec{y}$ aufgespannten Ebene.

2. Die Vektoren $\vec{x}, \vec{y}, \vec{z}$ bilden in der genannten Reihenfolge ein Rechtssystem.

3. Für den Betrag des Vektors $\vec{z}$ gilt: $|\vec{z}| = |\vec{x}||\vec{y}|\sin\varphi$.

Aus obiger Definition des vektoriellen Produkts folgt

$$[\vec{x}\,\vec{y}] = (x_2 y_3 - x_3 y_2)\vec{e_1} + (x_3 y_1 - x_1 y_3)\vec{e_2} + (x_1 y_2 - x_2 y_1)\vec{e_3}\,. \tag{2}$$

Im Falle linearer Abhängigkeit von $\vec{x}$ und $\vec{y}$ verschwindet das vektorielle Produkt.

Wegen $\quad [\vec{x}\vec{y}]^2 = \vec{x}^2\vec{y}^2 \sin^2\varphi = \vec{x}^2\,\vec{y}^2\,(1 - \cos^2\varphi) \quad$ und

$$(\vec{x}\vec{y})^2 = \vec{x}^2\vec{y}^2 \cos^2\varphi \quad \text{gilt die Identität}$$

$$[\vec{x}\vec{y}]^2 = (\vec{x} \cdot \vec{x})(\vec{y} \cdot \vec{y}) - (\vec{x} \cdot \vec{y})^2\,. \tag{3}$$

Liegen die Vektoren $\vec{x}$ und $\vec{y}$ in der xy-Ebene, so sind die obigen Formeln auch anwendbar, man muß nur $x_3 = y_3 = 0$ setzen. Zusammenfassend sei nochmals herausgestellt:

Das $\left\{ \begin{array}{l} \text{innere} \\ \text{äußere} \end{array} \right\}$ Produkt zweier Vektoren wird durch Einschließen der beiden Vektorsymbole in $\left\{ \begin{array}{l} \text{runde} \\ \text{eckige} \end{array} \right\}$ Klammern beschrieben.

Ferner gelten nach (1) und (2) für Skalarprodukt bzw. Vektorprodukt folgende Beziehungen:

$$(\vec{x}\vec{y}) = (\vec{y}\vec{x}), \qquad [\vec{x}\vec{y}] = -[\vec{y}\vec{x}].$$

Gaußsche Darstellung einer Fläche in allgemeinen Koordinaten:

Eine Fläche im Raum kann dadurch beschrieben werden, daß man die Koordinaten (x, y, z) ihrer Punkte P als (eindeutige) Funktionen zweier Parameter u, v annimmt, also $x = x(u, v)$, $y = y(u, v)$, $z = z(u, v)$.
Besitzen diese Funktionen stetige Ableitungen nach u und v, so hat die Fläche in allen Punkten eine Tangentialebene, deren Stellungsvektor sich stetig ändert. Dem Wertepaar (u, v) ist eindeutig ein Flächenpunkt zugeordnet; man nennt u, v die Gaußschen Koordinaten von P.
Ist u variabel und v fest, so beschreibt P eine u-Linie. Ist u fest und v variabel, so beschreibt P eine v-Linie (Abb. 22).

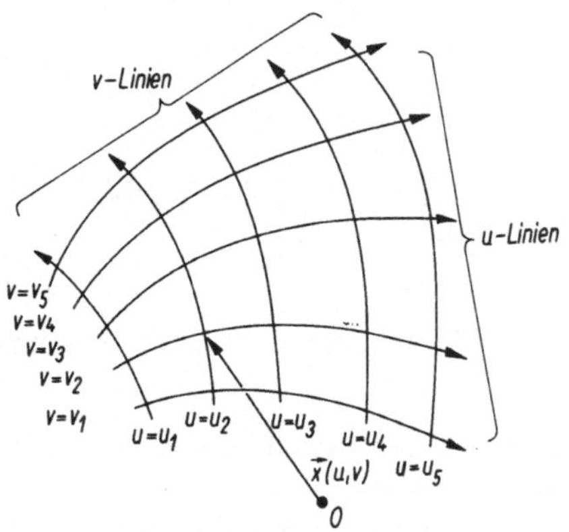

Abb. 22. Netz von Parameterkurven auf einem gekrümmten Flächenstück

Durch die u-Linien und v-Linien wird die Fläche Φ mit einem Netz von Parameterlinien überzogen. Dieses Netz heißt regulär, wenn durch jeden Flächenpunkt genau eine u-Linie und eine v-Linie verläuft und diese sich nicht berühren. Zu den Tangentenvektoren der Parameterlinien in dem Flächenpunkt $P(u, v)$ gelangt man durch Differentiation des Ortsvektors

$$\vec{x}(u, v) = x(u, v)\vec{e}_1 + y(u, v)\vec{e}_2 + z(u, v)\vec{e}_3 \tag{4}$$

nach u bzw. v.

Tangentenvektor an u-Linie in P

$$\vec{x}_u = x_u\vec{e}_1 + y_u\vec{e}_2 + z_u\vec{e}_3{}^{1)}, \tag{5a}$$

Tangentenvektor an v-Linie in P

$$\vec{x}_v = x_v\vec{e}_1 + y_v\vec{e}_2 + z_v\vec{e}_3 . \tag{5b}$$

In einem regulären Punkt P muß gelten

$$[\vec{x}_u\vec{x}_v] \neq \vec{0} . \tag{6}$$

Andernfalls würde in P eine Selbstberührung der Parameterlinien vorliegen. Sind $u = u(t)$ und $v = v(t)$ als stetig ableitbare Funktionen des Parameters t gegeben, so beschreibt der Punkt P des Ortsvektors

$$\vec{x} = \vec{x}(u(t), v(t))$$

eine Kurve auf der Fläche Φ. Ihre stetige Tangente erhält man durch Ableiten nach t. Unter Einsatz der Kettenregel ergibt sich

$$\dot{\vec{x}} = \vec{x}_u\frac{\mathrm{d}u}{\mathrm{d}t} + \vec{x}_v\frac{\mathrm{d}v}{\mathrm{d}t}$$

als Tangentenvektor. Die Multiplikation mit $\mathrm{d}t$ führt auf eine Gleichung in Differentialen.

$$\mathrm{d}\vec{x} = \dot{\vec{x}}\,\mathrm{d}t = \vec{x}_u\,\mathrm{d}u + \vec{x}_v\,\mathrm{d}v . \tag{7}$$

Die Tangentenvektoren aller Flächenkurven durch P sind

---

[1]) Die partiellen Ableitungen $\vec{x}_u$ bzw. $\vec{x}_v$ der Vektorfunktion $\vec{x} = \vec{x}(u, v)$ entstehen durch folgende Grenzwertbildungen:

$$\vec{x}_u = \lim_{h \to 0}\frac{\vec{x}(u + h, v) - \vec{x}(u, v)}{h} \quad \text{und} \quad \vec{x}_v = \lim_{k \to 0}\frac{\vec{x}(u, v + k) - \vec{x}(u, v)}{k} .$$

als Linearkombinationen von $\vec{x}_u$ und $\vec{x}_v$ darstellbar. Sie liegen daher in einer Ebene, der Tangentialebene τ von Φ in P (Abb. 23).

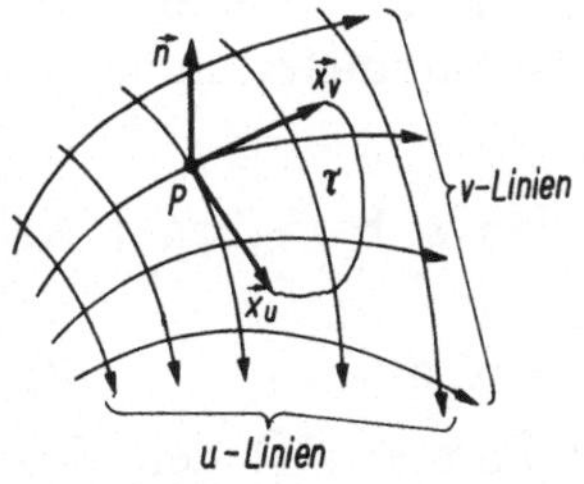

Abb. 23. Tangentialebene an gekrümmte Fläche im Schnittpunkt zweier Parameterkurven

Weiterhin interessiert das Bogenelement ds der Flächenkurve $(u(t), v(t))$.

Offenbar kann man

$ds = |d\vec{x}|$ setzen, und somit gilt

$$ds^2 = (\vec{x}_u\,du + \vec{x}_v\,dv)(\vec{x}_u\,du + \vec{x}_{v}\,dv)$$
$$= (\vec{x}_u\vec{x}_u)\,du^2 + ((\vec{x}_u\vec{x}_v) + (\vec{x}_v\vec{x}_u))\,du\,dv + (\vec{x}_v\vec{x}_v)\,dv^2.$$

Mit den drei Gaußschen Fundamentalgrößen der Flächenmetrik:

$$E = E(u, v) = (\vec{x}_u\vec{x}_u),$$
$$F = F(u, v) = (\vec{x}_u\vec{x}_v) = (\vec{x}_v\vec{x}_u), \qquad (8)$$
$$G = G(u, v) = (\vec{x}_v\vec{x}_v)$$

läßt sich das Quadrat des Bogenelementes auch folgendermaßen schreiben:

$$ds^2 = E\,du^2 + 2F\,du\,dv + G\,dv^2. \qquad (9)$$

Wegen $du = \dfrac{du}{dt}\,dt = \dot{u}\,dt$ und $dv = \dfrac{dv}{dt}\,dt = \dot{v}\,dt$

kann weiterhin gesetzt werden:

$$ds^2 = (E\dot{u}^2 + 2F\dot{u}\dot{v} + G\dot{v}^2)\,dt^2. \qquad (10)$$

Schließlich resultiert für die Bogenlänge s einer Flächenkurve folgende allgemeine Integraldarstellung:

$$s = \int \sqrt{E\dot{u}^2 + 2F\dot{u}\dot{v} + G\dot{v}^2}\,dt. \qquad (11)$$

Weiterhin ist eine allgemeine Formel für den Schnittwinkel φ von zwei sich in P schneidenden Kurven c_1 und c_2 von Interesse. Dieser ist identisch mit dem Winkel, der von den Tangentenvektoren an c_1 und c_2 in P aufgespannt wird.

Im Schnittpunkt P der Flächenkurven c_i gelte für deren Tangentenanstieg bezogen auf das Netz von Parameterlinien:

$$m_1 = \mathrm{d}v_1 : \mathrm{d}u_1 \quad \text{bzw.} \quad m_2 = \mathrm{d}v_2 : \mathrm{d}u_2 .$$

Damit folgt für die Bogenelemente von c_i bezüglich P in vektorieller Form:

$$\mathrm{d}\vec{x}_1 = \vec{x}_u \, \mathrm{d}u_1 + \vec{x}_v \, \mathrm{d}v_1, \qquad \mathrm{d}\vec{x}_2 = \vec{x}_u \, \mathrm{d}u_2 + \vec{x}_v \, \mathrm{d}v_2 . \tag{7}$$

Für den Schnittwinkel φ liefert die Formel (1a) den Zugang:

$$\cos \varphi = \frac{\mathrm{d}\vec{x}_1 \cdot \mathrm{d}\vec{x}_2}{|\mathrm{d}\vec{x}_1|\,|\mathrm{d}\vec{x}_2|}, \quad \text{vgl. auch Abb. 24.} \tag{12}$$

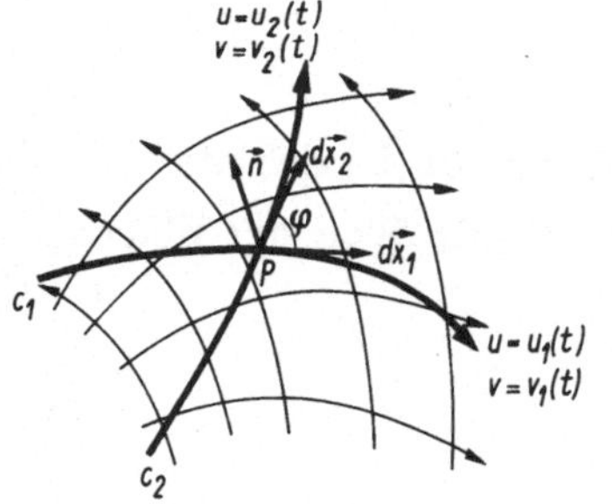

Abb. 24. Schnittwinkel zweier orientierter Flächenkurven auf orientiertem Flächenstück

Durch Einsetzen von (7) in (12) findet man weiter:

$$\cos \varphi = \frac{(\vec{x}_u \mathrm{d}u_1 + \vec{x}_v \mathrm{d}v_1)(\vec{x}_u \mathrm{d}u_2 + \vec{x}_v \mathrm{d}v_2)}{\mathrm{d}s_1 \cdot \mathrm{d}s_2} =$$

$$\frac{(\vec{x}_u \vec{x}_u)\, \mathrm{d}u_1 \mathrm{d}u_2 + (\vec{x}_u \vec{x}_v)\, \mathrm{d}u_1 \mathrm{d}v_2 + (\vec{x}_v \vec{x}_u)\, \mathrm{d}u_2 \mathrm{d}v_1 + (\vec{x}_v \vec{x}_v)\, \mathrm{d}v_1 \mathrm{d}v_2}{\mathrm{d}s_1 \cdot \mathrm{d}s_2}$$

Hier bietet sich die Verwendung der Fundamentalgrößen der Flächenmetrik an. Mit den Gleichungen (8) erhält man für den Kosinus des Schnittwinkels als endgültige Formel:

$$\cos \varphi = \tag{13}$$

$$\frac{E\,\mathrm{d}u_1 \mathrm{d}u_2 + F(\mathrm{d}u_1 \mathrm{d}v_2 + \mathrm{d}u_2 \mathrm{d}v_1) + G\,\mathrm{d}v_1 \mathrm{d}v_2}{\sqrt{E\,\mathrm{d}u_1^2 + 2F\,\mathrm{d}u_1 \mathrm{d}v_1 + G\,\mathrm{d}v_1^2}\;\sqrt{E\,\mathrm{d}u_2^2 + 2F\,\mathrm{d}u_2 \mathrm{d}v_2 + G\,\mathrm{d}v_2^2}} .$$

Insbesondere folgt für den Schnittwinkel φ der sich in P schneidenden Parameterkurven (u_1-Linie; d. h. $du_1 \neq 0$; $dv_1 = 0$, v_2-Linie; d.h. $du_2 = 0$, $dv_2 \neq 0$)

$$\cos \psi = \frac{F}{\sqrt{EG}}. \tag{14}$$

Bilden die Parameterkurven ein orthogonales Netz, so gilt $F \equiv 0$.

Die Inhaltsbestimmung gekrümmter Flächenstücke ist ein weiterer Gegenstand der Flächenmetrik. Den Zugang zum Inhalt eines Flächenelementes liefert das über die Fläche gezogene Netz von Parameterlinien. Der Punkt $P(u, v)$ sei Eckpunkt einer Netzmasche, die in erster Näherung durch ein Parallelogramm approximiert wird, welches das Vektorenpaar ($\vec{x}_u\, du$, $\vec{x}_v\, dv$) aufspannt. Der Inhalt des Parallelogrammes ist gleich dem Betrag des vektoriellen Produktes dieses Vektorpaares, also (Abb. 25)

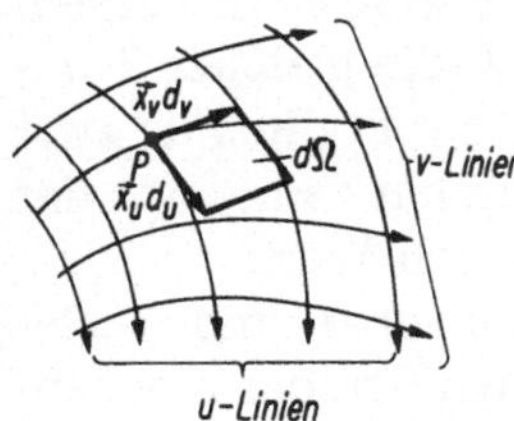

Abb. 25. Netzmasche und Oberflächenelement

$$d\Omega = |[\vec{x}_u\, du\ \vec{x}_v\, dv]| = |[\vec{x}_u \vec{x}_v]\, du\ dv|.$$

Auch hier lassen sich die Fundamentalgrößen der Flächenmetrik ins Spiel bringen. Nach (3) gilt nämlich

$$[\vec{x}_u \vec{x}_v]^2 = (\vec{x}_u \vec{x}_u)\,(\vec{x}_v \vec{x}_v) - (\vec{x}_u \vec{x}_v)^2, \quad \text{d. h.} \tag{15}$$

$$[\vec{x}_u \vec{x}_v]^2 = EG - F^2.$$

Somit gilt für das Flächenelement $d\Omega$:

$$d\Omega = \sqrt{EG - F^2}\, du\ dv. \tag{16}$$

Für den Inhalt eines gekrümmten Flächenstückes ergibt sich das Doppelintegral

$$\Omega = \iint \sqrt{EG - F^2}\, du\ dv. \tag{17}$$

Nach (15) ist gesichert, daß stets $EG - F^2 > 0$ gilt.

Aus den Formeln (11), (13) und (17)' ist zu folgern, daß man durch Kenntnis des Bogenelementes und damit der Fundamentalgrößen E, F, G für die gekrümmte Fläche die Längenmetrik, Winkelmetrik und Inhaltsmetrik beherrscht. Mit den Funktionen

$$E = E(u, v), \qquad F = F(u, v), \qquad G = G(u, v)$$

für die Gaußschen Fundamentalgrößen verfügt man also über die gesamte Metrik der Fläche, und diese Feststellung ist vor allem für Abbildungsvorgänge des Erdglobus auf die Ebene wichtig. Wie lassen sich die Formeln (11), (13) und (17) bei der Untersuchung von speziellen Abbildungen zweier Flächen aufeinander auswerten? Ausgangspunkt der weiteren Überlegungen seien zwei Flächen Φ und $\tilde{\Phi}$ mit den Ortsvektoren $\vec{x}(u, v)$ und $\vec{\tilde{x}}(\tilde{u}, \tilde{v})$, die umkehrbar eindeutig aufeinander abgebildet sind.

Auf $\tilde{\Phi}$ kann das Koordinatensystem stets so gewählt werden, daß entsprechende Punkte auf Φ und $\tilde{\Phi}$ die gleichen Parameterwerte haben, daß also $u = \tilde{u}$ und $v = \tilde{v}$ gilt. Für zwei aufeinander bezogene Flächenrichtungen hat dann auch der Quotient $\mathrm{d}u : \mathrm{d}v$ auf Φ und $\tilde{\Phi}$ den gleichen Wert.

Mit den Ortsvektoren $\vec{x}(u, v)$ und $\vec{\tilde{x}}(u, v)$ für Φ und $\tilde{\Phi}$ stehen für beide Flächen die Fundamentalgrößen der Flächenmetrik zur Verfügung, nämlich $E(u, v)$, $F(u, v)$, $G(u, v)$ bzw. $\tilde{E}(u, v)$, $\tilde{F}(u, v)$, $\tilde{G}(u, v)$.

Die Abbildung von Φ auf $\tilde{\Phi}$ ist nach (9) genau dann längentreu, wenn für alle Punkte (u, v) und alle Richtungen $(\mathrm{d}u, \mathrm{d}v)$ auf beiden Flächen die Quadrate der Bogenelemente

$$\mathrm{d}s^2 = E(u, v)\,\mathrm{d}u^2 + 2F(u, v)\,\mathrm{d}u\,\mathrm{d}v + G(u, v)\,\mathrm{d}v^2,$$

$$\mathrm{d}\tilde{s}^2 = \tilde{E}(u, v)\,\mathrm{d}u^2 + 2\tilde{F}(u, v)\,\mathrm{d}u\,\mathrm{d}v + \tilde{G}(u, v)\,\mathrm{d}v^2$$

identisch sind. Notwendig und hinreichend für die Isometrie ist daher die Identität der drei Fundamentalgrößen

$$E(u, v) = \tilde{E}(u, v), \quad F(u, v) = \tilde{F}(u, v), \quad G(u, v) = \tilde{G}(u, v). \tag{18}$$

Dann stimmen aber auch Winkelmetrik und Inhaltsmetrik

für beide Flächen überein, wie aus den Formeln (13) und (17) leicht erkennbar ist.

Im Falle einer winkeltreuen Abbildung von Φ auf $\tilde{\Phi}$ ist zu fordern, daß in einander zugeordneten Punkten P, $\tilde{P}$ zu allen Paaren von Richtungselementen $(\mathrm{d}\vec{x}_1, \mathrm{d}\vec{x}_2)$ der Wert des Produktes $\dfrac{(\mathrm{d}\vec{x}_1 \cdot \mathrm{d}\vec{x}_2)}{|\mathrm{d}\vec{x}_1||\mathrm{d}\vec{x}_2|}$ ungeändert bleibt, daß also

$$\cos \varphi = \cos \tilde{\varphi} \quad \text{und damit} \quad \varphi = \tilde{\varphi} \tag{19}$$

für den Schnittwinkel von Original und Bild erfüllt ist. Wie Formel (13) zeigt, gilt (19) genau dann, wenn die metrischen Fundamentalgrößen von Φ und $\tilde{\Phi}$ in zugeordneten Punkten einander proportional sind, also:

$$E : F : G = \tilde{E} : \tilde{F} : \tilde{G}. \tag{20}$$

Ferner kann man

$$\frac{\tilde{E}}{E} = \frac{\tilde{F}}{F} = \frac{\tilde{G}}{G} = \lambda^2(u, v) \tag{21}$$

setzen. Durch Anwendung von (21) auf (9) folgt weiter

$$\mathrm{d}\tilde{s}^2 = \lambda^2(u, v)\,\mathrm{d}s^2, \tag{22}$$

und hieraus resultiert die wichtige geometrische Interpretation, daß winkeltreue Abbildungen ähnlich im Kleinen sind.

Die zur ebenen Darstellung des Himmelsgewölbes in der Regel angewandte stereographische Projektion besitzt – wie eingangs nachgewiesen – die Eigenschaft der Winkeltreue. Für das Wiedererkennen von Sternbildern in der Sternkarte ist von Vorteil, daß diese Art der Abbildung ähnlich im Kleinen ist. Auch zur kartographischen Darstellung von Ländern mit nicht zu großem Durchmesser wird die stereographische Projektion aus diesem Grund gern gewählt.

Wir fragen nach den speziellen Folgerungen für kartographische Abbildungen des Globus in die Ebene. Bei einer längentreuen Abbildung der Fläche Φ auf $\tilde{\Phi}$ entsprechen notwendig den kürzesten (geodätischen) Linien des Originals die kürzesten Linien der Bildfläche. In einem solchen Fall müssen daher den Großkreisen der Kugelfläche Geraden in der Ebene zugeordnet sein. Kann diese Abbildung auch flächentreu und winkeltreu sein?

Drei Großkreisbögen beschreiben ein sphärisches Dreieck, für das die Summe der Innenwinkel stets größer als zwei Rechte ist. In dem ebenen Bilddreieck jedoch ist die Summe der Innenwinkel gleich zwei Rechten. Da die Eigenschaft der Längentreue die Invarianz von geodätischen Linien nach sich zieht, kann also eine längentreue kartographische Abbildung nach obiger Überlegung nicht winkeltreu sein. Andererseits ist die Winkeltreue nach (18) und (20) eine notwendige Voraussetzung für die Längentreue einer Abbildung. Aus diesem Widerspruch ist zu folgern, daß längentreue kartographische Abbildungen nicht existieren. Den zwingenden Beweis für diese Aussage lieferte erstmals LEONHARD EULER (1707–1783) in seinen Abhandlungen „Über die Abbildung einer Kugelfläche in einer Ebene" und „Über die Darstellung einer Kugelfläche auf einer Karte". Diese Aufsätze rein mathematischen Inhalts erschienen 1777 in den Abhandlungen der Petersburger Akademie.

Als weiteres Anliegen an kartographische Entwürfe kann die Flächentreue im Vordergrund stehen. Hierzu müssen die Inhalte einander durch die Abbildung zugeordneter Netzmaschen gleich sein. Nach (16) lautet die dafür notwendige und hinreichende Bedingung

$$EG - F^2 = \tilde{E}\tilde{G} - \tilde{F}^2. \tag{23}$$

Ein trivialer Fall für Flächentreue ist der Lambertsche Zylinderentwurf, den wir im folgenden mit theoretischen Hilfsmitteln untersuchen werden.

Abschließend ist zu fragen, ob bei einer kartographischen Abbildung Flächentreue und Winkeltreue gleichzeitig realisierbar sind. Aus (20) und (23) würde bei dieser Forderung

$$E(u, v) = \tilde{E}(u, v), \qquad F(u, v) = \tilde{F}(u, v), \qquad G(u,v) = \tilde{G}(u, v)$$

folgen. Aus diesen Gleichungen resultiert die Längentreue des Entwurfes. Wie bereits oben gezeigt wurde, läßt sich die Kugel nicht längentreu verebnen. Daher schließen sich die Flächentreue und Winkeltreue bei kartographischen Abbildungen aus.

10. Metrik der Kugelfläche – Sätze von Tissot

Der Mittelpunkt der durch einen Globus mit der Radius-
länge Eins realisierten Kugelfläche sei Ursprung eines kartesischen Achsenkreuzes (x, y, z). Die xy-Ebene spannt die
Äquatorebene auf, und die z-Achse durchstößt die Fläche in
Nord- und Südpol des Globus. Die positive x-Achse schneidet den Globus im Schnitt von Äquator und Nullmeridian.
Jede Ebene des Büschels mit der z-Achse als Büschelträger
schneidet den Globus nach einem Meridiankreis. Die Ebenen der Breitenkreise liegen parallel zur xy-Ebene. In der
xz-Ebene ($y = 0$) liege der Nullmeridian des Globus, und
ausgehend davon wird die geographische Länge u der Meri-
diane nach Osten positiv, nach Westen negativ gezählt.
Die Länge u ist auf dem Äquator im Bogenmaß abzulesen.
Als Wertebereich ist festzuhalten

$$-\pi < u \leqq \pi.$$

Die ebenfalls im Bogenmaß gemessene geographische
Breite v eines Punktes P ist gleich der Länge des zugehörigen Meridianbogens von P bis zum Äquator. Als Wertebereich ist festzuhalten

$$-\frac{\pi}{2} \leqq v \leqq \frac{\pi}{2}.$$

Diese geographischen Koordinaten (u, v) lassen sich als
krummlinige Gaußsche Koordinaten der Kugelfläche interpretieren. Setzt man $u = $ const, ergibt sich als v-Linie ein
Meridianbogen; setzt man $v = $ const, ergibt sich als u-Linie
ein Breitenkreis. In jedem Kugelpunkt $P = P(u, v)$, der kein
Pol ist, schneiden sich genau ein Meridian und ein Breitenkreis orthogonal. Ein beliebiger Punkt der Kugelfläche ist
dann durch folgenden Ortsvektor erfaßbar:

$$\vec{x}(u, v) = \begin{pmatrix} \cos u \cos v \\ \sin u \cos v \\ \sin v \end{pmatrix}. \tag{24}$$

Mit einer einfachen Probe kann man sich überzeugen, daß $|\vec{x}(u, v)| = 1$ gilt. Zur Berechnung der metrischen Fundamentalgrößen werden die partiellen Ableitungen von $\vec{x}(u, v)$ nach u und v bereitgestellt. Man erhält

$$\vec{x}_u(u, v) = \begin{pmatrix} -\sin u \cos v \\ \cos u \cos v \\ 0 \end{pmatrix}, \quad \vec{x}_v(u, v) = \begin{pmatrix} -\cos u \sin v \\ -\sin u \sin v \\ \cos v \end{pmatrix}. \quad (25)$$

Durch Einsetzen von (25) in die Definitionsgleichungen

$$E = (\vec{x}_u \vec{x}_u), \qquad F = (\vec{x}_u \vec{x}_v), \qquad G = (\vec{x}_v \vec{x}_v)$$

findet man weiter

$$E = \cos^2 v, \qquad F = 0, \qquad G = 1. \qquad (26)$$

Hieraus resultiert für das Quadrat des Bogenelementes

$$\mathrm{d}s^2 = \cos^2 v \, \mathrm{d}u^2 + \mathrm{d}v^2. \qquad (27)$$

Für das Flächenelement folgt aus (16)

$$\mathrm{d}\Omega = \cos v \, \mathrm{d}u \, \mathrm{d}v. \qquad (28)$$

Schneiden sich im Kugelpunkt P zwei Kurven c_1 und c_2 mit den Anstiegen $m_i = \mathrm{d}v_i : \mathrm{d}u_i$ $(i = 1, 2)$, so gilt nach (13) und (26) für den Schnittwinkel φ dieser sphärischen Kurven

$$\cos \varphi = \frac{\cos^2 v \, \mathrm{d}u_1 \, \mathrm{d}u_2 + \mathrm{d}v_1 \, \mathrm{d}v_2}{\sqrt{\cos^2 v \, \mathrm{d}u_1^2 + \mathrm{d}v_1^2} \, \sqrt{\cos^2 v \, \mathrm{d}u_2^2 + \mathrm{d}v_2^2}}. \qquad (29)$$

Wenn c_2 ein Meridian $(\mathrm{d}u_2 = 0, \mathrm{d}v_2 \neq 0)$ ist, dann folgt

$$\cos \psi = \frac{\mathrm{d}v_1}{\sqrt{\cos^2 v \, \mathrm{d}u_1^2 + \mathrm{d}v_1^2}}.$$

Sätze von Tissot:

Da sich die Kugelfläche nicht verzerrungsfrei auf die Ebene abbilden läßt, sind noch einige Begriffsbildungen und Sätze von Interesse, die lokale Aussagen über Art und Ausmaß der Verzerrung des ebenen Bildes gegenüber dem sphärischen Urbild erlauben [6].

Zunächst versteht man unter der Längenverzerrung bei Abbildung einer Fläche auf die andere

$$\frac{1}{\lambda^2} = \frac{\mathrm{d}s^2}{\mathrm{d}\tilde{s}^2}.$$

(30)

Diese Längenverzerrung ist für winkeltreue Abbildungen allein eine Funktion des Ortes, da die Ähnlichkeit im kleinen gewahrt ist. Also gilt für diesen Sonderfall

$$\lambda = \lambda\,(u,\,v)\,.$$

Für Abbildungen, bei denen die Winkeltreue versagt, hängt die Längenverzerrung auch vom Tangentenanstieg ab, also von dem Quotienten $\mathrm{d}u : \mathrm{d}v$.

Zunächst erhebt sich für nichtkonforme Abbildungen die Frage nach den Richtungen extremaler Längenverzerrung bezüglich eines Punktepaares $(P,\,\tilde{P})$. Man bezeichnet diese als Hauptverzerrungsrichtungen und die zugeordneten Verzerrungen als Hauptverzerrungen. Ohne Wiedergabe des Beweises sei folgender Satz angeführt: Es gibt für jedes Punktepaar $(P,\,\tilde{P})$ zwei Hauptverzerrungsrichtungen, die im Original und im Bild aufeinander senkrecht stehen. Die Hauptverzerrungsrichtungen bezüglich jedes Punktepaares $(P,\,\tilde{P})$ legen in der Original- und in der Bildfläche je ein orthogonales Kurvennetz fest (Abb. 26).

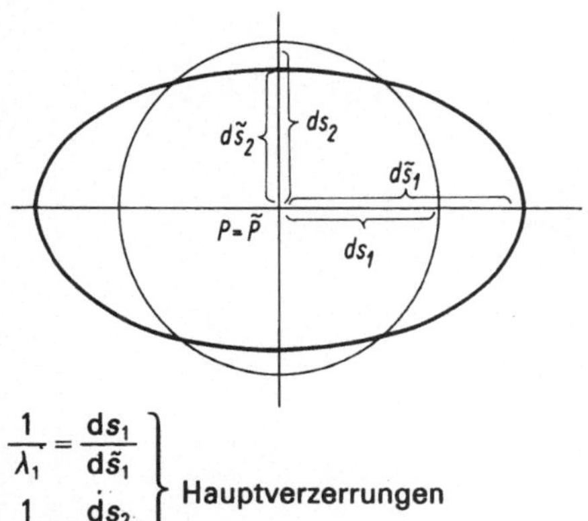

$$\left.\begin{aligned} \frac{1}{\lambda_1} &= \frac{\mathrm{d}s_1}{\mathrm{d}\tilde{s}_1} \\[2mm] \frac{1}{\lambda_2} &= \frac{\mathrm{d}s_2}{\mathrm{d}\tilde{s}_2} \end{aligned}\right\} \text{Hauptverzerrungen}$$

Abb. 26. Verzerrungsindikatrix von Tissot, Hauptverzerrungen und Hauptverzerrungsrichtungen

Das Verzerrungsmaß ist definiert als das Produkt der Haupt-verzerrungen $\dfrac{1}{\lambda_i}$, d. h.

$$k = \frac{1}{\lambda_1 \cdot \lambda_2}. \tag{31}$$

Die mittlere Verzerrung ist definiert als das arithmetische Mittel der Hauptverzerrungen, d. h.

$$h = \frac{1}{2}\left(\frac{1}{\lambda_1} + \frac{1}{\lambda_2}\right). \tag{32}$$

Unter der Verzerrungsindikatrix versteht man jene Ellipse, die Kehrwerte der Hauptverzerrungen als Haupt- bzw. Nebenachse und den Punkt $\tilde{P}$ als Mittelpunkt besitzt.
Die Indikatrix ist weiterhin als affines Bild des Einheitskreises um P interpretierbar, wobei die Affinität durch Mitführen der Glieder bis zur ersten Ordnung aus der Abbildungsgleichung erklärt ist. Hat der Kreis im Original den Inhalt π, so ist der Inhalt der Bildellipse $\pi ab = \pi\lambda_1 \cdot \lambda_2$. Der Quotient der Inhalte von Kreis und Bildellipse ist ein Maß für die Flächenverzerrung. Diese ist also identisch mit dem Verzerrungsmaß k [2, S. 167].
Die durch die Hauptverzerrungen und Hauptverzerrungs-

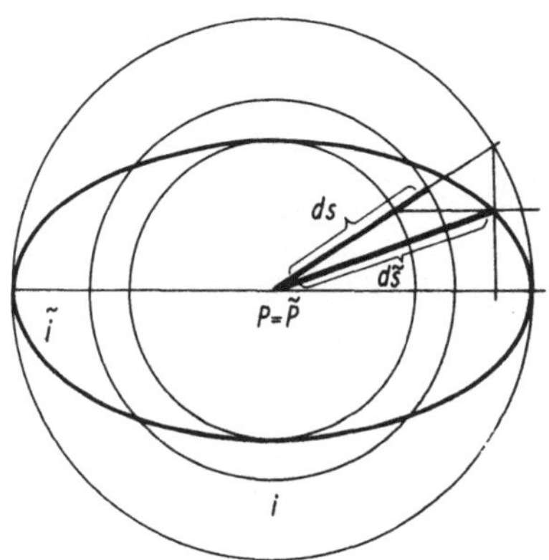

Abb. 27. Konstruktive Bestimmung der zu einer beliebigen Richtung durch P gehörigen Verzerrung bei Vorgabe der Hauptverzerrungen in P

richtungen eindeutig fixierte Ellipse heißt „Tissotsche Verzerrungsindikatrix", benannt nach dem französischen Kartographen NICOLAS TISSOT (1824–1904). Kennt man die Hauptverzerrungen und Hauptverzerrungsrichtungen, so läßt sich wegen der affinen Verwandtschaft von Einheitskreis und Verzerrungsindikatrix für jeden beliebigen Anstieg durch P die durch die Abbildung bewirkte Längenverzerrung konstruktiv finden (Abb. 27).

Mit Hilfe der Begriffe Hauptverzerrung, Verzerrungsmaß, mittlere Verzerrung und Verzerrungsindikatrix lassen sich die lokalen Eigenschaften einer Abbildung im Falle der Nichtkonformität anschaulich erfassen. Die hier eingeführten Begriffe sind in Analogie zu den Krümmungsgrößen der Flächentheorie bei lokaler Betrachtungsweise geprägt worden.

11. Klassifizierung kartographischer Entwürfe

Bei der Entwicklung von Kartenentwürfen muß man sich von der Vorstellung lösen, daß die Abbildung der Kugelfläche mittels eines Bündels von Strahlen etwa durch Zentral- oder Parallelprojektion erfolgt. Die allgemein gebräuchlichen Abbildungsverfahren sind oft das Ergebnis eines langwierigen Abstraktionsprozesses, den wir nun mit unseren Mitteln stark verkürzt nachvollziehen können [7].

Zunächst lassen sich zwei große Gruppen von Netzentwürfen herausstellen:

1. *Echte Entwürfe* sind dadurch gekennzeichnet, daß die Meridiane auf ein Büschel von Geraden oder eine Schar zueinander paralleler Geraden und die Breitenkreise in ein dazu orthogonales konzentrisches Kreisbüschel, in konzentrische Kreisbögen oder in eine zweite Schar zueinander paralleler Geraden abgebildet werden. Im Bild schneidet jede Parameterkurve der einen Schar jede Kurve der anderen Schar senkrecht.

Bei echten Entwürfen liegen die Hauptverzerrungsrichtungen in den Tangenten an die Bilder von Längen- und Breitenkreisen. Damit sind die Achsen der Tissotschen Indikatrix nach Lage und Größe leicht bestimmbar.

Als Bildflächen sind die Ebene sowie Kegel- und Zylinderflächen wegen ihrer Abwickelbarkeit zugelassen. Die Worte „Kegel" und „Zylinder" verwenden wir hierbei stets im Sinne von Drehkegel und Drehzylinder. Weiterhin teilt man die echten Abbildungen ein in Kegelabbildungen, Zylinderabbildungen und azimutale Abbildungen (Abb. 28).

2. *Unechte Entwürfe* besitzen als Bilder der Meridiankreise beliebige von Geraden verschiedene Kurven. Die Orthogonalität des Netzes von Längen- und Breitenkreisen bleibt nicht erhalten. Besonderer Wert wird auf die Anschaulichkeit des ebenen Bildes der gesamten Globusfläche gelegt. Die mit unechten Entwürfen erzeugten ebenen Figuren, Pla-

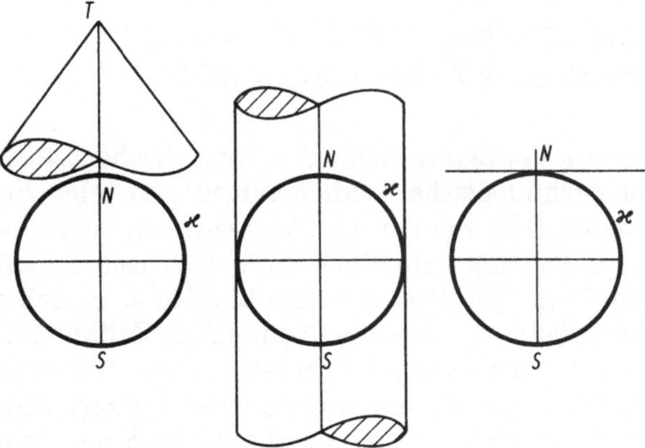

Abb. 28. Anordnung von Kugel- und Bildfläche bei der Erzeugung von echten Kegel-, Zylinder- und Azimutalentwürfen

nisphären genannt, sind im allgemeinen konvex, können aber auch sternförmig oder gelappt sein. Nach Art und Lage der zum Einsatz gelangenden Bildfläche bezüglich des Globus unterscheidet man normale, transversale und schiefachsige Kartenentwürfe.

12. Echte Zylinderentwürfe

12.1. Archimedischer oder Lambertscher flächentreuer Zylinderentwurf

Mit dem uns zur Verfügung stehenden theoretischen Rüstzeug soll der Archimedische Zylinderentwurf auf seine Eigenschaften untersucht werden. Der im folgenden beschriebene Abbildungsvorgang stellt einen normalachsigen echten Zylinderentwurf dar. Bei diesem ist die Bildfläche zunächst eine den Globus längs des Äquators berührende Zylinderfläche. Ihr wird ein Achsenkreuz aufgeprägt, dessen Ursprung sich mit dem Schnittpunkt von Äquator und Nullmeridian deckt. Die ξ-Achse liegt auf der Berührungslinie mit dem Äquator. Die η-Achse ist die durch den Ursprung gehende Mantellinie des Zylinders.

Für einen von den Polen verschiedenen Kugelpunkt $P(u, v)$ ist die Abbildung wie folgt erklärt: man fällt von P das Lot auf die Zylinderachse. Ist L der Lotfußpunkt, so verlängert man LP über P hinaus bis zum Schnitt mit der Zylinderfläche Φ. Dieser Schnittpunkt $\tilde{P}$ wird als Bildpunkt von P erklärt. Um der Abbildung die sachgerechte Orientierung zu geben, ist festzuhalten, daß allein das auf der Außenseite der Zylinderfläche erzeugte Bild von Interesse ist.

Wie Abb. 29 verdeutlicht, sind ξ und η in folgender Weise von u und v abhängig:

$$\xi = u, \qquad \eta = \sin v.$$

Aus der vektoriellen Darstellung

$$\vec{x}(u, v) = \begin{pmatrix} u \\ \sin v \\ 0 \end{pmatrix} \tag{1}$$

und den partiellen Ableitungen

$$\vec{x}_u = \begin{pmatrix} 1 \\ 0 \\ 0 \end{pmatrix}, \qquad \vec{x}_v = \begin{pmatrix} 0 \\ \cos v \\ 0 \end{pmatrix} \tag{2}$$

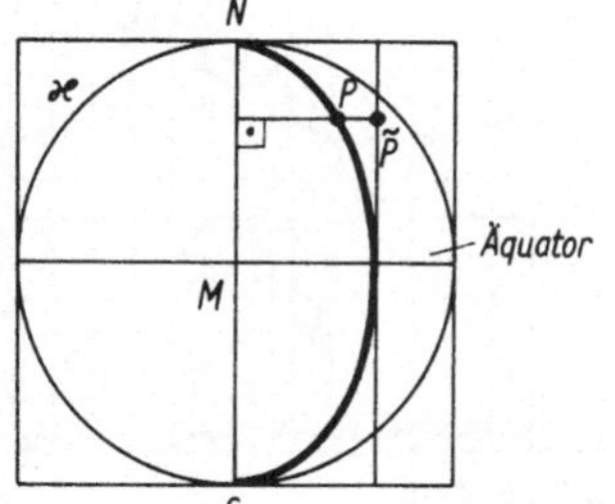

Abb. 29. Erzeugung des flächentreuen Zylinderentwurfes mit längentreuem Äquator (Lambertscher Zylinderentwurf)

resultieren für die metrischen Fundamentalgrößen folgende Ausdrücke:

$$\tilde{E} = 1, \qquad \tilde{F} = 0, \qquad \tilde{G} = \cos^2 v. \tag{3}$$

Für die Kugelfläche lauteten die entsprechenden Ausdrücke:

$$E = \cos^2 v, \qquad F = 0, \qquad G = 1. \tag{4}$$

Folglich gilt $EG - F^2 = \tilde{E}\tilde{G} - \tilde{F}^2 = \cos^2 v$, und damit ist die Flächentreue dieser Abbildung bewiesen.

Das Quadrat der Längenverzerrung läßt sich gleichfalls aufschreiben:

$$\frac{1}{\lambda^2} = \frac{\mathrm{d}s^2}{\mathrm{d}\tilde{s}^2} = \frac{\cos^2 v\,\mathrm{d}u^2 + \mathrm{d}v^2}{\mathrm{d}u^2 + \cos^2 v\,\mathrm{d}v^2}. \tag{5}$$

Offenbar erfolgen hier die Hauptverzerrungen längs der Parameterlinien.

Setzt man $v = \mathrm{const}$, $\mathrm{d}v = 0$ (u-Linie), so folgt aus (5)

$$\frac{1}{\lambda_1^2} = \cos^2 v;$$

setzt man $u = \mathrm{const}$, $\mathrm{d}u = 0$ (v-Linie), so folgt aus (5)

$$\frac{1}{\lambda_2^2} = \frac{1}{\cos^2 v}.$$

Damit ergibt sich für die Indikatrix von TISSOT in einem lokal angepaßten Bezugssystem (X, Y) folgende Gleichung:

$$\frac{X^2}{\dfrac{1}{\cos^2 v}} + \frac{Y^2}{\cos^2 v} = 1. \tag{6}$$

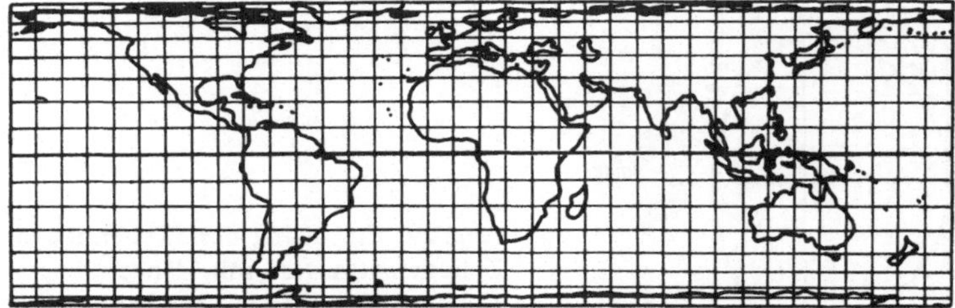

Abb. 30. Umrißkarte für Lambertschen Zylinderentwurf

Für die Punkte des Äquators ($v = 0$) ist die Indikatrix der
Einheitskreis, d. h., am Äquator findet keine Längenverzerrung statt. Gegen die Pole wird die Indikatrix zu einer immer stärker gestreckten Ellipse, deren Hauptachse parallel
zum Äquatorbild liegt. Wegen der Flächentreue der Abbildung ist der Inhalt der Ellipse gleich π und unabhängig von
den Gaußschen Koordinaten des Bezugspunktes. Für die
Pole selbst versagt die Abbildung. Der gesamte Globus bildet sich auf eine Rechteckfläche der Höhe 2 und der
Breite 2π ab. Die Einheitskugel besitzt als Bild eine Rechteckfläche mit dem Inhalt 4π, und als Folge der Flächentreue im Kleinen bleibt auch die Flächentreue für das Gesamtbild des Globus gewahrt (Abb. 30).

Geometrisches:

Die Netzkonstruktion für diesen flächentreuen Zylinderentwurf kann leicht mit Zirkel und Lineal nachvollzogen werden. Zur Rektifikation des Äquatorkreises bietet sich die Näherungskonstruktion nach ADAM KOCHANSKI (1685) an. Ist k
der zu rektifizierende Kreis, so entspricht die Länge der
Strecke $\overline{BC}$ dem halben Kreisumfang mit ausgezeichneter
Näherung. Die durch Unzulänglichkeiten der Zeichengeräte
bedingten Ungenauigkeiten (Strichstärke, Zirkel, Lineal)
sind wesentlich größer als der theoretische Fehler der Konstruktion, für den die Abschätzung $|\Delta l| \approx 4 \cdot 10^{-5} r$ gilt [1,
S. 206]. Aus geometrischer Sicht ist das bei diesem Entwurf
verwendete Abbildungsmittel von Interesse. Die Abbildung
eines Kugelpunktes P erfolgt mittels einer Halbgeraden, deren Lage im Raum eindeutig bestimmt ist.

Gibt man im Raum zwei zueinander windschiefe Geraden g und h, einen Punkt P außerhalb von g und h und eine Bildebene α vor, die weder g noch h enthält, so kann das Bild von P in α in folgender Weise definiert werden: Durch P legt man die eindeutig bestimmte Treffgerade t an g und h. Der Schnittpunkt von t mit der Bildebene α wird als Bildpunkt $\tilde{P}$ von P erklärt. In dieser Weise lassen sich die Punkte eines ebenen oder räumlichen Objektes auf die Bildebene α abbilden: Man spricht von einer Netzprojektion. Somit ist die eindeutige Abbildung eines räumlichen Objektes auf eine Ebene möglich (Abb. 31).

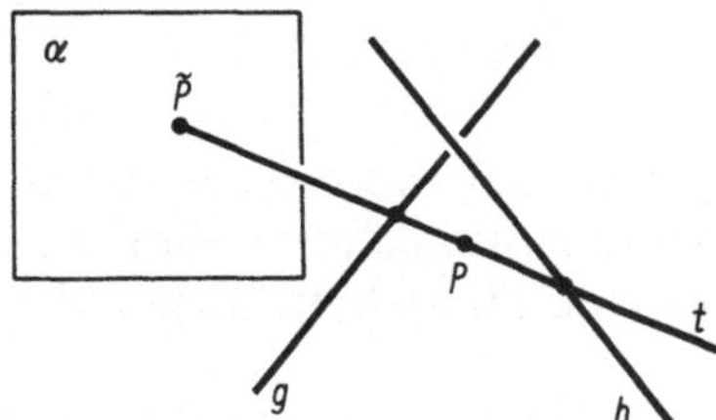

Abb. 31. Prinzip der Netzprojektion – Abbildung mittels der Menge $\{t\}$ von Treffgeraden an zwei windschiefe Geraden g und h

Der hier vorliegende Zylinderentwurf kann in gewisser Weise als Netzprojektion interpretiert werden. Die abzubildenden Punkte liegen auf den Konturen der Kontinente des Globus, und die Bildfläche Φ ist keine Ebene, sondern der den Globus im Äquator berührende Drehzylinder. Die beiden Leitgeraden g und h sind die Zylinderachse und die (aus projektiver Sicht existierende) Ferngerade der Äquatorebene. Zur Sicherung der Eineindeutigkeit der Abbildung dieser Netzprojektion waren noch zusätzliche Vereinbarungen erforderlich.

Historisches:

Bereits ARCHIMEDES (287–212 v. u. Z.) war die Formel für den Flächeninhalt einer Kugelzone bekannt. Die für uns heute naheliegende Anwendung zur flächentreuen Abbildung der Kugel auf den im Äquator berührenden Zylinder erfolgte damals nicht. Erst im Rahmen umfassender Untersuchungen über kartographische Abbildungsmöglichkeiten findet sich dieser flächentreue echte Zylinderentwurf in der Neuzeit bei dem Mathematiker JOHANN HEINRICH LAMBERT (1728–1777). Das in Abschnitt 9. zitierte Werk „Beyträge zum Gebrauche der Mathematik …" enthält außer diesem Zylinderentwurf einen flächentreuen Azimutalentwurf und verschiedene Kegelentwürfe. In diesem Werk wird beispielhaft demonstriert, wie die Mathematik langfristig als Produktivkraft zu wirken vermag.

12.2. Mittelabstandstreuer Zylinderentwurf mit längentreuem Äquator

An echte Zylinderentwürfe lassen sich verschiedenartige Forderungen stellen. Durch Mittelabstandstreue wird verlangt, daß die Bögen der Meridiane längentreu abgebildet werden.

Der Bildzylinder berühre – wie oben – den Globus im Äquator. Weiterhin wird – wie beim Lambertschen Zylinderentwurf – dem Bildzylinder ein kartesisches $\xi\eta$-System aufgeprägt, so daß sich die ξ-Achse vor Abwicklung der Bildfläche mit der Berührungslinie des Globus deckt. Daher gelten die Abbildungsgleichungen

$$\xi = u, \qquad \eta = v.$$

Nach Abwicklung der Bildfläche ergeben die Koordinatenlinien ein Netz von quadratischen Maschen. Die Oberfläche der Einheitskugel wird in ein Rechteck der Breite $a = 2\pi$ und der Höhe $b = \pi$ übergeführt. Dieser Zylinderentwurf trägt aus dem genannten Grund die Bezeichnung „Quadratische Plattkarte" (Abb. 32). Solcherart Kugelabbildung war bereits in der Antike bekannt: Sie wurde von MARINOS VON TYRUS um 100 u. Z. praktiziert. Im 16. Jahrhundert kam sie bei Seekarten zum Einsatz. Bei transversaler Lage des Bildzylinders (Berührung erfolgt längs eines Meridians) fand diese Abbildungsart Anwendung auf Frankreich (CASSINI) und Bayern (SOLDNER). Eine auf das Ellipsoid bezogene

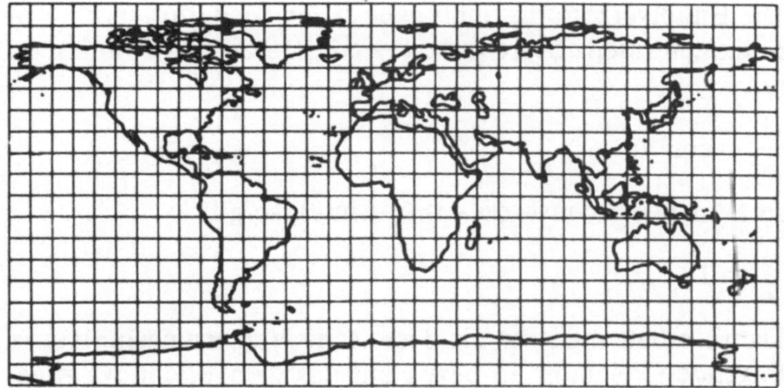

Abb. 32. Beispiel für quadratische Plattkarte

Form des Netzes wird in der Geodäsie benutzt. Man spricht dort vom Cassini-Soldnerschen Entwurf.

Offensichtlich scheiden für diesen Entwurf Flächentreue und Winkeltreue von vornherein aus. Ein Parallelkreis der Breite v_0 hat die Länge $l = 2\pi \cos v_0$: sein Bild hat die Länge $\tilde{l} = 2\pi$.

Zur weiteren Untersuchung der Abbildung auf ihre geometrischen Eigenschaften ist es zweckmäßig, den in der Bildebene liegenden Vektor $\overrightarrow{OP}$ aufzuschreiben:

$$\vec{x}(u, v) = \begin{pmatrix} u \\ v \\ 0 \end{pmatrix}. \tag{7}$$

Hieraus folgt über die entsprechenden partiellen Ableitungen und Skalarprodukte für die metrischen Fundamentalgrößen

$$\tilde{E} = 1, \qquad \tilde{F} = 0, \qquad \tilde{G} = 1. \tag{8}$$

Das Quadrat des Bogenelementes im Bild lautet daher

$$\mathrm{d}\tilde{s}^2 = \mathrm{d}u^2 + \mathrm{d}v^2. \tag{9}$$

Folglich gilt für das Verzerrungsquadrat der Bogenelemente

$$\frac{1}{\lambda^2} = \left(\frac{\mathrm{d}s}{\mathrm{d}\tilde{s}}\right)^2 = \frac{\cos^2 v \,\mathrm{d}u^2 + \mathrm{d}v^2}{\mathrm{d}u^2 + \mathrm{d}v^2}. \tag{10}$$

Die Hauptverzerrungsrichtungen fallen wiederum in die Koordinatenlinien. Setzt man $v = \text{const}$, $\mathrm{d}v = 0$ (u-Linie), so gilt

$$\frac{1}{\lambda_1^2} = \cos^2 v\,;$$

setzt man $u = \text{const}$, $\mathrm{d}u = 0$ (v-Linie), so gilt

$$\frac{1}{\lambda_2^2} = 1\,.$$

Damit erhält man für die Tissotsche Verzerrungsindikatrix folgende Gleichung in bezug auf das dem Bildpunkt zugeordnete Achsenkreuz:

$$\frac{X^2}{\dfrac{1}{\cos^2 v}} + \frac{Y^2}{1} = 1\,. \tag{11}$$

Für die Punkte des Äquators ist die Indikatrix der Einheitskreis, und für die Pole entartet die Kegelschnittgleichung. Für alle Punkte des Globus, die weder auf dem Äquator noch auf den Polen liegen, ist die Indikatrix eine Ellipse mit dem Inhalt $A = \dfrac{\pi}{\cos v}$. Ihre Hauptachse liegt parallel zur ξ-Achse. Mit der Kenntnis des Inhaltes der Indikatrix ist auch eine Aussage über die Flächenverzerrung möglich, und für das Verhältnis der differentiellen Flächeninhalte muß gelten:

$$\frac{\mathrm{d}\tilde{\Omega}}{\mathrm{d}\Omega} = \frac{1}{\cos v}\,, \quad \text{also} \quad \mathrm{d}\Omega = \mathrm{d}\tilde{\Omega}\cos v. \tag{12}$$

In der äquatorialen Region ist die Abbildung annähernd flächentreu, während sich die Breitenverzerrung von den gemäßigten nach den polaren Zonen immer weiter verstärkt.

Aus der Tissotschen Indikatrix ist ferner abzulesen, daß dieser Entwurf nicht winkeltreu ist. Man kann also keine im kleinen ähnliche Abbildung erwarten. Die Ähnlichkeit verliert sich polwärts zur Unkenntlichkeit.

Der vorliegende Zylinderentwurf gestattet noch eine vielfältig angewandte Variante.

In dem Bestreben, die Längentreue des Zylinderentwurfes für zwei Breitenkreise statt nur für den Äquator zu erzielen, wird ein Zylinder als Bildfläche eingeführt, der den Globus in zwei Breitenkreisen schneidet.

Haben die längentreu abzubildenden Parallelkreise die Breiten v_0 bzw. $-v_0$, so lauten die Abbildungsgleichungen für diesen Entwurf:

$$\xi = u \cos v_0, \qquad \eta = v.$$

Die Untersuchung dieses Entwurfes auf seine geometrischen Eigenschaften kann analog zu obigem Beispiel erfolgen. Die Maschen des Koordinatennetzes der Kugel bilden sich als Rechteck ab. Daher nennt man diesen auch auf MARINOS VON TYRUS zurückgehenden Kartenentwurf „rechteckige Plattkarte". MARINUS setzte $v_0 = \dfrac{\pi}{5}$, da dieser Breitenkreis etwa der ost-westlichen Mittellinie der damals bekannten Welt entsprach. Diese Vorarbeiten nutzte PTOLEMÄUS für die Karten seiner „Geographie". Er setzte die Grenzen der damals bekannten Welt am 16. Parallelkreis südlicher und am 63. Parallelkreis nördlicher Breite. Für die Ost-West-Ausdehnung seiner Karte vom St.-Vinzenz-Kap im Westen und dem Meridian der semantischen Berge im Osten veranschlagte er 180 Längengrade, also den halben Erdumfang. Diese Fehleinschätzung hielt sich bis in die Zeit der großen Entdeckungen gegen Ende des 15. Jahrhunderts.

12.3. Mercator-Entwurf, normalachsiger winkeltreuer echter Zylinderentwurf

Vom 13. bis zum 15. Jahrhundert waren bei Seefahrern vor allem Kompaßkarten in Gebrauch. Diese bezogen sich ebenso wie die Portolane und Schiffahrtsanleitungen auf das Mittelmeergebiet. Auch die im 16. und 17. Jahrhundert verbreiteten Seekarten für Hafenstädte am Mittelmeer und am Atlantik waren Kompaßkarten. Bei Fahrten auf hoher See

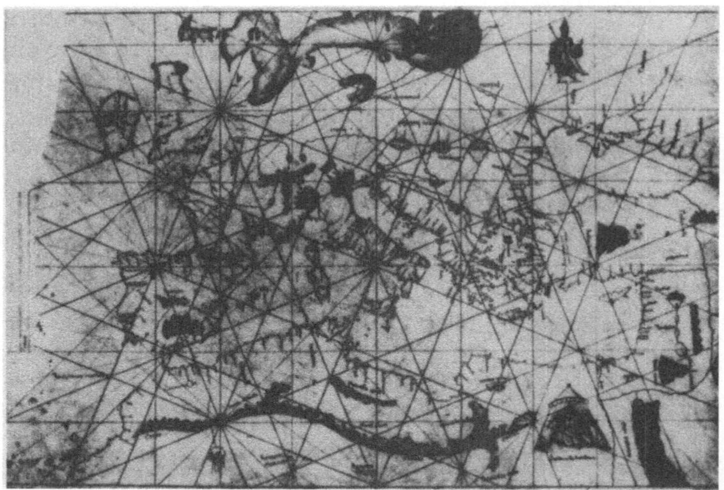

Abb. 33. Beispiel für Portolankarte – Darstellung des Mittelmeeres mit angrenzenden Ländern

verließ sich der Kapitän jedoch vorwiegend auf die eigene Erfahrung. Der Kompaß diente zur Richtungsorientierung, und die Breitenbestimmung erfolgte am Astrolabium (Abb. 33). Im Zeitalter der großen Entdeckungen traten aber die Unzulänglichkeiten von Plattkarten und Kompaßkarten immer deutlicher zutage. Das mathematische und praktische Interesse wandte sich jenen speziellen sphärischen Kurven zu, deren Tangenten mit der Nord-Süd-Richtung in jedem ihrer Punkte einen konstanten Winkel einschließen. Diese sphärischen Kurven, Loxodromenkurven genannt, wurden von dem portugiesischen Mathematiker PEDRO NUÑEZ (auch NONIUS) (1492–1577) definiert und für die Praxis der Seefahrt empfohlen. Bei Fahrten über das offene Meer war diese Forderung, über eine größere Distanz einen loxodromischen Kurs einzuhalten, eine verständliche und bewährte Regel.
Äquator, Breitenkreise und Meridiane sind Sonderfälle loxodromischer Kurven, die mathematisch uninteressant sind.

Ein auf loxodromischem Kurs unbehindert fahrendes Schiff würde den Nord- oder Südpol auf einer Spiralkurve umlaufend erreichen. In der Praxis geht es darum, zwei auf dem Globus oder auf einer Karte markierte Punkte durch eine Loxodrome zu verbinden.

Sicher ist dieser Kurvenbogen kein Großkreis, denn ein Großkreis allgemeiner Lage schneidet die Meridiane des Globus nicht unter konstantem Winkel. Liegt das Bild der Erde als stereographische Normalprojektion vor (vgl. Abschnitt 4.), so stellt das Bild der loxodromischen Verbindung zweier Punkte eine logarithmische Spirale dar.

Begründung: Die Meridiane erscheinen als Geradenbüschel mit dem Bild von einem der Pole als Büschelträger. Wegen der Winkeltreue ist das Bild der Loxodromen eine Kurve, die die Geraden des Büschels unter einem festen Winkel schneidet. Dies leistet nur die logarithmische Spirale.

Das Wunschbild von einer Seekarte mag zu damaliger Zeit in einer Abbildungsart bestanden haben, die es erlaubt, loxodromische Verbindungen in einem winkeltreuen Entwurf als Geraden zu zeichnen. Eine solche Wunschvorstellung war offensichtlich nur mit einem echten Zylinderentwurf zu erfüllen, denn allein darin besitzt die Gerade die Eigenschaft, die Bilder der Meridiane (eine Schar zueinander paralleler Geraden) unter einem beliebig vorgebbaren festen Winkel zu schneiden.

Das wesentliche Problem, welches für diesen Zylinderentwurf noch zu lösen war, lag in der Anordnung der Bilder der Schar von Breitenkreisen [4, S. 72], [6].

Soweit mögen die Gedankengänge von GERHARD MERCATOR (1512–1594) fortgeschritten gewesen sein, bevor er sich an erste Entwürfe für eine Seekarte mit den geforderten Eigenschaften wagte. Eine Bestätigung solcher Ansätze kann der Legende zu einer von MERCATORS Hand stammenden Karte dieser Art entnommen werden, die 1889 von ALFONS HEYER in der Breslauer Stadtbibliothek mit zwei anderen Karten MERCATORS entdeckt wurde. Ein hier aus dem Lateinischen ins Deutsche übertragener Satz dieser Legende zu der 1554 erschienenen Karte lautet: „Wir haben allmählich die Grade

der Breiten nach jedem der Pole hin für die Zunahme der Parallelen vergrößert und entsprechend dem Verhältnis, in dem diese (Breitenkreise) zum Äquator stehen."
Unter dem Ausdruck „Grade der Breiten" sind die Längen von Meridianabschnitten zu verstehen. Mit „dem Verhältnis, in dem diese (Breitenkreise) zum Äquator stehen" ist das Längenverhältnis $1:\cos v$ gemeint. Ein Parallelkreis unter der Breite v wird beim echten Zylinderentwurf im Verhältnis $1:\cos v$ gestreckt. Nach ihrer Wiederentdeckung wurden die drei Karten von PAUL DINSE in den „Verhandlungen der Gesellschaft für Erdkunde zu Berlin" (1891) in einem Beitrag mit dem Titel „Drei Karten von Mercator: Europa – Britische Inseln – Weltkarte, Facsimile-Lichtdruck nach den Originalen der Stadtbibliothek zu Breslau" publiziert.
Transponiert man MERCATORS Erläuterung seiner Weltkarte von 1554 in die heutige Sprechweise, so würde diese etwa lauten: „Für die Winkeltreue des echten Zylinderentwurfes (Ähnlichkeit im kleinen) ist die Streckung des unter der Breite v liegenden Bogenelementes dv des Meridians mit dem Faktor $1:\cos v$ eine notwendige Bedingung." Es bedürfte noch des Zusatzes, daß die Hauptverzerrungsrichtungen beim echten Zylinderentwurf mit den Bildern der Meridiane und Parallelkreise zusammenfallen (Abb. 34).
In Verbindung mit den Sätzen von Tissot wird diese Streckbedingung sogar hinreichend für die Winkeltreue. Doch zu Lebzeiten MERCATORS war der mathematische Begriffsapparat mit zugehöriger Symbolik noch nicht so weit entwickelt. Gewiß half ihm bei seiner Entdeckung eine sichere Intuition, die wohl bei fast allen Pionierleistungen von Wissen-

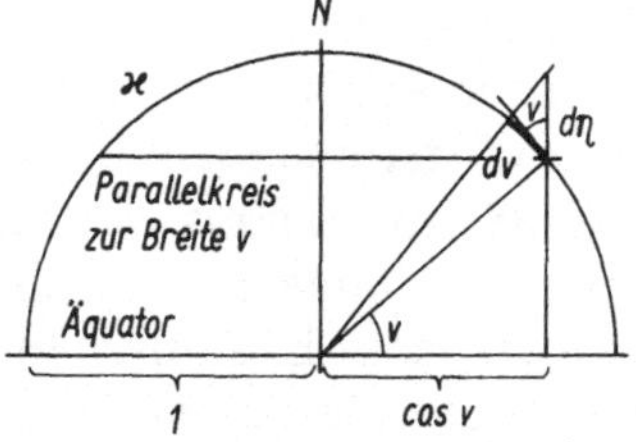

$$du\cos v : dv = du : d\eta$$

$$d\eta = \frac{dv}{\cos v}$$

Abb. 34. Schnittdarstellung zur Mercatorschen Grundformel

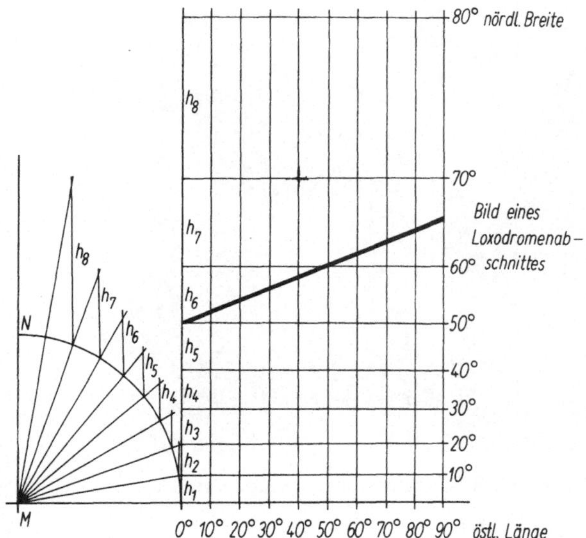

Abb. 35. Näherungskonstruktion für den echten winkeltreuen Zylinderentwurf nach MERCATOR mit der Schrittweite $h = 10°$

schaft und Technik eine nicht unwesentliche Rolle spielt. Schließlich aber löste MERCATOR das Problem der „wachsenden Breiten" schrittweise konstruktiv. Die Schrittweite von je einem Grad schien ihm hinreichend klein. In Abb. 35 wird bei einer Schrittweite von 10° verdeutlicht, wie MERCATOR möglicherweise bei seiner Netzkonstruktion vorgegangen ist. Das offizielle Beweisstück seiner Entdeckung, eine von ihm gezeichnete Seekarte aus dem Jahre 1569 mit den polwärts wachsenden Abständen, befindet sich in der Staatsbücherei von Paris (Abb. 36).

MERCATORS Erfindung fand jedoch zunächst weder bei den Kartographen noch in der seemännischen Praxis jene Resonanz, die aus den Anliegen der Zeit der großen Entdeckungen heraus zu erwarten gewesen wäre.

Die kartographische Literatur knüpfte erst 30 Jahre später an MERCATORS zylindrischen Netzentwurf an.

Der Engländer EDWARD WRIGHT (1558–1615) gelangte mit ähnlichen Methoden wie MERCATOR zu einem winkeltreuen

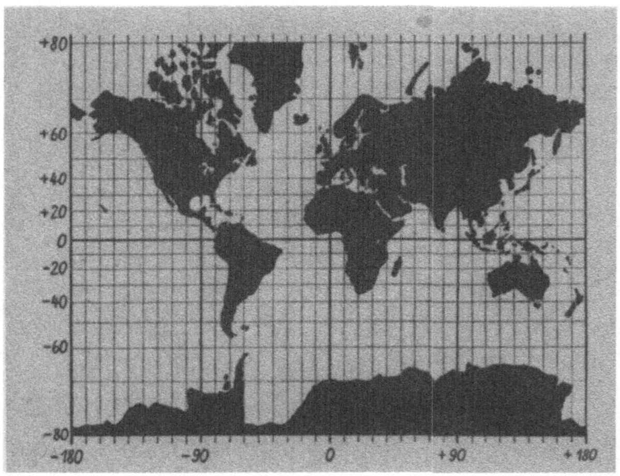

Abb. 36. Umrißkarte nach Mercatorschem Zylinderentwurf

Zylinderentwurf. Erst HENRI BOND fand 1645 die mathematische Formel für die Abstände der Parallelkreisbilder, ohne hierbei das entsprechende Integral zu lösen.
Der mathematisch fundierte Zugang zu diesem Kartenentwurf über eine Differentialgleichung mit anschließender Integration ist erst bei dem Mathematiker NIKOLAUS KAUFFMANN (1620–1687) im Jahre 1666 und bei dem Astronomen EDMOND HALLEY (1656–1742) im Jahre 1695 zu finden.
Doch vor Weiterführung der mathematischen Leitlinie dieses Entwurfes soll der Lebensweg des verdienstvollen Kartographen GERHARD MERCATOR kurz skizziert werden: Er wurde 1512 in Rupelmonde an der Schelde (Flandern) geboren. Nach der schulischen Ausbildung in Herzogenbusch bezog er 1530 die Universität Löwen, erwarb dort die Magisterwürde und wirkte später als Privatlehrer für Mathematik. Einen entscheidenden Einfluß auf seine Entwicklung nahm der in Löwen wirkende Kartograph RAINER GEMMA FRISIUS (1508–1555). MERCATOR lernte in dieser Zeit alle für einen Kartographen notwendigen wissenschaftlichen und handwerklichen Fertigkeiten. Sein Erstlingswerk war eine Karte von Palästina, welche 1537 erschien. Außer Karten verfer-

tigte er Instrumente für die mathematische Kartographie und Sternkunde, betätigte sich aber auch als Kupferstecher. Nachdem selbst KARL V. von MERCATOR entwickelte astronomische Instrumente erworben hatte und 1541 der Reichssiegelbewahrer Kardinal GRANVELLA seinen ersten Globus mit Widmung entgegennahm, schien MERCATORS weiterer Lebensweg auch durch offizielle Anerkennung geebnet zu sein. Im Jahre 1536 gründete er durch Heirat einen eigenen Hausstand.

Jedoch wurde seine Laufbahn als wissenschaftlicher Kartograph im Jahre 1544 durch Verhaftung und Freiheitsentzug für fünf Monate jäh unterbrochen. Dank hohen Gönnern, die für seine Freilassung sorgten, blieb ihm das Schicksal seiner Mitgefangenen erspart, die zu Opfern der grausamen Inquisition wurden. Um vor weiteren Glaubensverfolgungen in den Niederlanden sicher zu sein, kehrte er 1552 in die Heimat seiner Eltern zurück und wurde in Duisburg seßhaft. Hier trieb er geschichtliche und geographische Studien und wirkte an der Gründung des Duisburger Gymnasiums mit. Erwähnenswert ist noch seine kartographische Vermessung und Aufzeichnung des Herzogtums von Lothringen im Auftrage des Landesherrn.

Im Jahre 1569 vollendete MERCATOR die in der Geschichte der Kartographie epochemachende Seekarte, einen winkeltreuen Zylinderentwurf. Die letzten Lebensjahre verwandte er, um seinen Sohn RUMOLD und auch seinen Neffen in die Wissenschaft der Kartographie einzuführen. Das vollständige Erscheinen seines Atlas, ein Ergebnis kritischen Verarbeitens aller verfügbaren Daten, erlebte er nicht mehr. GERHARD MERCATOR starb am 2. Dezember 1594. Vier Monate nach seinem Tod veröffentlichte sein Sohn RUMOLD die letzten 33 Karten und vollendete damit das Lebenswerk des Vaters. MERCATORS Gesamtwerk, das einschließlich der Nachtragskarten Europas, Afrikas, Asiens und Amerikas 107 Karten enthält, erfuhr 1602 in Duisburg eine Neuauflage. Bis zum Jahre 1636 erlebte der Mercator-Atlas mindestens 30 weitere Auflagen in den verschiedensten europäischen Sprachen. Das aus der Antike überlieferte kartographische Weltbild gehörte durch MERCATORS Wirken schließlich endgültig der Geschichte an.

Knüpfen wir nun an seine Überlegungen der „wachsenden Breiten" an! Wie bereits festgestellt, erfährt ein Parallelkreis der Breite v bei jedem echten Zylinderentwurf die Streckung $\dfrac{1}{\cos v}$, sofern der Äquator, wie hier vorausgesetzt, längentreu abgebildet wird. Diese Streckung muß nun auch das Bogenelement eines Meridians an dieser Stelle erfahren. Daher gilt:

$$\mathrm{d}\eta = \frac{\mathrm{d}v}{\cos v}. \tag{13}$$

Wir schließen uns der Auffassung KARL STRUBECKERS an und nennen Gleichung (13) die Mercatorsche Grundformel. Ohne Zweifel wäre MERCATOR zur Aufstellung dieser Formel gelangt, wenn ihm unser heutiges mathematisches Rüstzeug zur Verfügung gestanden hätte. Gleichung (13) beinhaltet die Aufforderung zur Integration. Ein Leser, der die sich nun anschließende Rechnung nicht versteht, soll das Büchlein aber nicht entmutigt aus der Hand legen. Wesentlich ist das Verständnis des Resultates. Zunächst wird Gleichung (13) links und rechts unbestimmt integriert:

$$\eta = \int \frac{\mathrm{d}v}{\cos v} + C. \tag{14}$$

Ein Kunstgriff der Integralrechnung besteht darin, den Integranden durch geschickte Umformungen und Substitutionen auf ein bekanntes Fundamentalintegral zurückzuführen. Der geübte Rechner sieht, daß das Fundamentalintegral

$$\int \frac{\mathrm{d}w}{w} = \ln |w| + C \tag{15}$$

von Nutzen sein kann.

Die folgende goniometrische Umformung führt uns dem Ziel näher:

$$\cos v = \sin\left(v + \frac{\pi}{2}\right) = 2\sin\left(\frac{v}{2} + \frac{\pi}{4}\right)\cos\left(\frac{v}{2} + \frac{\pi}{4}\right)$$

$$= 2\tan\left(\frac{v}{2} + \frac{\pi}{4}\right)\cos^2\left(\frac{v}{2} + \frac{\pi}{4}\right). \tag{16}$$

Jetzt bietet sich die Substitution

$$w = \tan\left(\frac{v}{2} + \frac{\pi}{4}\right) \tag{17}$$

an und damit

$$\frac{dw}{dv} = \frac{1}{2\cos^2\left(\dfrac{v}{2} + \dfrac{\pi}{4}\right)} \quad \text{oder}$$

$$dw = \frac{dv}{2\cos^2\left(\dfrac{v}{2} + \dfrac{\pi}{4}\right)}. \tag{18}$$

Mit (16) lautet das in (14) zu lösende Integral

$$J = \int \frac{dv}{2\tan\left(\dfrac{v}{2} + \dfrac{\pi}{4}\right)\cos^2\left(\dfrac{v}{2} + \dfrac{\pi}{4}\right)}. \tag{19}$$

Mit (17) und (18) kann man für (19) schreiben:

$$J = \int \frac{dw}{w} = \ln|w|. \tag{20}$$

Mit (15) und (20) folgt für (14)

$$\eta = \ln\left|\tan\left(\frac{v}{2} + \frac{\pi}{4}\right)\right| + C, \tag{21}$$

wobei $-\dfrac{\pi}{2} < v < \dfrac{\pi}{2}$ zu beachten ist.

Die Konstante C ist nun noch so festzulegen, daß unsere speziellen Abbildungsbedingungen erfüllt sind. Der Äquator des Globus soll in die ξ-Achse der Bildebene übergehen. Aus dieser Forderung resultiert die Gleichung

$$0 = \ln\left|\tan\frac{\pi}{4}\right| + C.$$

Wegen $\tan \dfrac{\pi}{4} = 1$ und $\ln 1 = 0$ folgt $C = 0$.

Da ferner in dem für v angegebenen Wertebereich

$\tan\left(\dfrac{v}{2} + \dfrac{\pi}{4}\right) > 0$ gilt, können in (21) die Betragszeichen

entfallen. Die Abbildungsgleichungen für diesen echten winkeltreuen Zylinderentwurf nehmen damit folgende Form an:

$$\xi = u, \qquad \eta = \ln\tan\left(\frac{v}{2} + \frac{\pi}{4}\right). \tag{22}$$

Nun soll überprüft werden, ob die Mercatorsche Grundformel (13), unsere Ausgangsformel, auf eine winkeltreue Abbildung geführt hat. Hierzu werden von dem Bildvektor

$$\vec{x}(u, v) = \begin{pmatrix} u \\ \ln\tan\left(\dfrac{v}{2} + \dfrac{\pi}{4}\right) \\ 0 \end{pmatrix} \tag{23}$$

ausgehend zunächst die metrischen Fundamentalgrößen $\tilde{E}$, $\tilde{F}$, $\tilde{G}$ berechnet.

$$\text{Wegen} \quad \vec{x}_u = \begin{pmatrix} 1 \\ 0 \\ 0 \end{pmatrix}, \qquad \vec{x}_v = \begin{pmatrix} 0 \\ \dfrac{1}{\cos v} \\ 0 \end{pmatrix} \tag{24}$$

erhält man $\tilde{E} = 1$, $\tilde{F} = 0$, $\tilde{G} = \dfrac{1}{\cos^2 v}$. $\tag{25}$

Wie bereits in (10.26) gezeigt, gilt für die metrischen Fundamentalgrößen der Kugelfläche entsprechend der vorliegenden Parameterdarstellung

$$E = \cos^2 v, \qquad F = 0, \qquad G = 1.$$

Somit ist das Kriterium für die Winkeltreue

$$E : F : G = \tilde{E} : \tilde{F} : \tilde{G} \tag{26}$$

erfüllt.

Wegen $EG - F^2 = \cos^2 v$ und $\tilde{E}\tilde{G} - \tilde{F}^2 = \dfrac{1}{\cos^2 v}$ findet man für die Verzerrung der Flächeninhalte

$$\frac{\mathrm{d}\tilde{\Omega}}{\mathrm{d}\Omega} = \frac{1}{\cos^2 v}. \tag{27}$$

Nach (27) werden die Inhalte der äquatornahen Gebiete nur wenig verzerrt. Hingegen erfahren die etwa in der Breite der

Polarkreise $\left(v = 67°, \ \dfrac{1}{\cos^2 v} = 6{,}55 \right)$ liegenden Territorien

eine unverhältnismäßig große Wiedergabe.

Wie Abb. 36 verdeutlicht, erweckt das Bild des südlich des 80. Breitenkreises nördlicher Breite gelegenen Anteils der Insel Grönland die Vorstellung einer Landmasse von der Größenordnung Afrikas. Dabei stehen die Inhalte beider Territorien etwa im Verhältnis 1:15.

Der gesamte Globus wird bei diesem Kartenentwurf in einen unendlich langen Streifen von der Breite 2π übergeführt.

Die Loxodrome durch zwei weder auf einem Meridian noch auf einem Breitenkreis liegende Punkte stellt eine sphärische Kurve dar, deren Verlängerungen über die gegebenen Punkte hinaus sich unendlich oft um den Nord- und Südpol winden. Wegen der nachgewiesenen Winkeltreue geht diese Kurve in eine unendliche Folge von Geradenstücken über, die zueinander parallel sind.

Schließt die Loxodrome mit der Nord-Süd-Richtung den Winkel γ ein, so gilt offenbar die folgende Beziehung:

$$\tan \gamma = \frac{\mathrm{d}u}{\dfrac{\mathrm{d}v}{\cos v}} \tag{28}$$

(Verhältnis Gegenkathete zu Ankathete im rechtwinkligen Dreieck).

Durch Trennung der Veränderlichen folgt weiter:

$$\tan \gamma \frac{\mathrm{d}v}{\cos v} = \mathrm{d}u. \tag{29}$$

Die Integration dieser Differentialgleichung führt auf die

Gleichung der Loxodromen. Der Lösungsweg für dieses Integral ist identisch mit der Behandlung des Integrales (14). Man erhält nach analoger Rechnung

$$u = \tan\gamma \cdot \ln\tan\left(\frac{v}{2} + \frac{\pi}{4}\right) + C. \tag{30}$$

Bezüglich der $\xi\eta$-Ebene ergibt sich wegen

$$u = \xi \quad\text{und}\quad \ln\tan\left(\frac{v}{2} + \frac{\pi}{4}\right) = \eta \quad\text{die Gleichung}$$

$$\xi = \eta \cdot \tan\gamma + C \tag{31}$$

für das Bild der Loxodromen.
Dies ist die Gleichung einer Schar zueinander paralleler Geraden mit $m = \cot\gamma$ als Anstieg.

Mit der Theorie der Loxodromen aus der Sicht der Analysis befaßten sich GOTTFRIED WILHELM LEIBNIZ (1646–1716) und JAKOB BERNOULLI (1654–1705). Ihre Arbeiten zu diesem Gegenstand erschienen in den „Acta Eruditorum" 1691. Basierend auf den neuen Erkenntnissen über die wahre Gestalt der Erde wurden im Laufe des 18. Jahrhunderts neue Forderungen an die Abbildungsgleichungen bezüglich der Konformität erhoben.
Es stellte sich das Problem, zu einem Drehellipsoid, für dessen Meridianschnitt die halbe Hauptachse a und die *numerische Exzentrizität*

$$\varepsilon = \frac{\sqrt{a^2 - b^2}}{a}$$

bekannt sind, die Abbildungsgleichungen des winkeltreuen Zylinderentwurfes zu ermitteln. LAMBERT (1728–1777) und LAGRANGE (1736–1813) lösten diese Problemstellung 1772 bzw. 1779. LAGRANGE gab zusätzlich die allgemeinste Lösung für die winkeltreue Abbildung beliebiger Rotationsflächen in die Ebene. Für das Drehellipsoid stellen sich die Abbildungsgleichungen unter Einbeziehung von ε wie folgt dar:

$$\xi = au, \qquad \eta = a \ln \tan\left(\frac{v}{2} + \frac{\pi}{4}\right)\left(\frac{1 - \varepsilon \sin v}{1 + \varepsilon \sin v}\right)^{\varepsilon/2}. \qquad (32)$$

Mit dem Faktor a läßt sich der Maßstab den vorliegenden Bedingungen anpassen. Für $a = 1$ und $\varepsilon = 0$ geht Gleichung (32) in (22) über. Da der hier besprochene Zylinderentwurf die Forderung der Flächentreue längs des Berührungskreises mit guter Näherung erfüllt, wurde er für die speziellen Belange einzelner Länder in gewisser Weise modifiziert. Hierzu wird der die Kugel vor der Abwicklung berührende Bildzylinder so gelegt, daß die Berührungslinie nicht mehr der Äquator, sondern in Anpassung an die jeweilige Situation ein bestimmter Meridian ist. Der so erzeugte Kartenentwurf heißt transversale konforme Zylinderabbildung. Da er von CARL FRIEDRICH GAUSS (1777–1855) eigens für die Hannoversche Landesvermessung eingeführt wurde, die in den Jahren 1821 bis 1844 erfolgte, spricht man in der Geodäsie von der Gaußschen Abbildung. Für ihre Belange ist diese konforme Abbildung allen anderen überlegen.

Im Jahre 1912 erweiterte KRÜGER (1857–1923) mit seinem Beitrag „Konforme Abbildung des Erdellipsoids in der Ebene" die Gaußsche Abbildung auf die Fläche des Rotationsellipsoids. Er schlug vor, das Erdellipsoid für die Anliegen der Landesvermessung in Meridianstreifen aufzuteilen, wobei jedem Streifen der Mittelmeridian als Grundellipse einer selbständigen Abbildungseinheit zuzuordnen ist. Diese Darstellungsart erlaubt, bei angemessener Festlegung der Meridianstreifenbreite die Verzerrung in tragbaren Grenzen zu halten. Die Verknüpfung einzelner Meridianstreifen erfolgt dann in der Weise, daß in gewissen Überlappungsbereichen für alle trigonometrischen Punkte Doppelkoordinaten berechnet werden.

Im Jahre 1923 wurde für Deutschland die Einführung der konformen Meridianstreifen mit 3° Streifenbreite und beiderseitig zusätzlichen Überlappungszonen von 0,5° Breite bei längentreuem Mittelmeridian vom damaligen „Beirat für Vermessungswesen" empfohlen. Dieser als „Gauß-Krüger-Abbildung" bezeichnete Entwurf bildet die Grundlage aller

Landesvermessungen und kartographischen Darstellungen. Heute findet dieses konforme Abbildungssystem mit längentreuen Meridianen weltweite Anwendung. Dabei sind für die Meridianstreifen die Breiten von 3° oder 6° gebräuchlich.

Hingegen hat der · Mercator-Entwurf mit längentreuem Äquator in der Geodäsie nur beschränkte Bedeutung erlangt. Eine Anwendung bot sich nur für Länder der Äquatorzone an. So erfolgte die kartographische Aufnahme der Insel Sumatra, die zwischen den Parallelkreisen 6° nördlicher und 6° südlicher Breite liegt, mittels dieses normalen konformen Zylinderentwurfes.

13. Normale Azimutalentwürfe

Bei azimutalen Entwürfen erfolgt die Abbildung unmittelbar
von der Kugelfläche auf die Ebene. Im Falle der normalen
Lage berührt die Bildebene die Kugel in einem ihrer Pole.
Das azimutale Koordinatensystem ist dann mit dem geographischen identisch. Die Meridiane werden in ein Geradenbüschel mit dem Hauptpunkt H als Büschelträger übergeführt. Die Bilder der Parallelkreise gehen in ein konzentrisches Kreisbüschel mit H als Mittelpunkt über. Hierbei
bleibt die orthogonale Durchsetzung von Längen- und Breitenkreisen erhalten. Somit liegen die Hauptverzerrungsrichtungen in den Koordinatenlinien, und die Karte entsteht auf
jener Seite der Bildebene, die von der Kugel abgewendet
liegt (Abb. 37).

Zur analytischen Fassung der Abbildungsgleichungen werde
der Bildebene ein kartesisches $\xi\eta$-Achsenkreuz mit H als

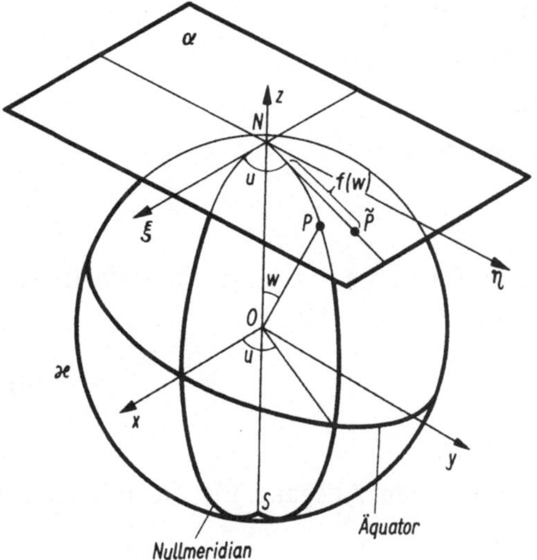

Abb. 37. Schematische Darstellung für polständigen Azimutalentwurf

Ursprung aufgeprägt. Dabei wird festgesetzt, daß sich der Nullmeridian des Globus auf die positive ξ-Achse abbildet. Folglich gilt für normale echte Azimutalentwürfe der allgemeine Ansatz

$$\xi = g(v) \cos u,$$

$$\eta = g(v) \sin u.$$

Über $g(v)$ kann noch so verfügt werden, daß dieser Entwurf spezielle zusätzliche Forderungen erfüllt.

Bei Azimutalentwürfen ist es nicht üblich, die geographische Breite v als zweiten Parameter zu verwenden. Aus praktischen Erwägungen heraus nimmt man die Poldistanz w. Da v und w Komplementwinkel sind, bereitet die Umrechnung der Formeln auf w keine Schwierigkeiten. Aus

$$w = \frac{\pi}{2} - v \ \text{bzw.} \ v = \frac{\pi}{2} - w \ \text{folgt}$$

$\cos v = \cos\left(\dfrac{\pi}{2} - w\right) = \sin w.$ Damit gilt für die metrischen Fundamentalgrößen auf der Kugelfläche

$$E = \sin^2 w, \qquad F = 0, \qquad G = 1, \tag{1}$$

für das Quadrat des Bogenelementes

$$\mathrm{d}s^2 = \sin^2 w \ \mathrm{d}u^2 + \mathrm{d}w^2 \tag{2}$$

und für das Oberflächenelement

$$\mathrm{d}\Omega = \sin w \ \mathrm{d}u \ \mathrm{d}w \tag{3}$$

mit $0 \le w \le \pi$.

Der allgemeine Ansatz für echte Azimutalentwürfe lautet bei dieser Festlegung der Koordinaten

$$\xi = f(w) \cos u,$$

$$\eta = f(w) \sin u \tag{4}$$

mit $-\pi < u \le \pi, \ 0 \le w \le \pi$.

Diese Gleichungen bilden den Ausgang für die folgenden Falldiskussionen.

13.1. Mittelabstandstreuer Azimutalentwurf

Bei diesem Entwurf ist von der Vorstellung auszugehen, daß die Meridiane von H aus unter Wahrung des Azimuts längentreu auf die Bildebene abrollen. Hat der auf einem beliebigen Meridian liegende Punkt P die Poldistanz w, so hat der Bildpunkt $\tilde{P}$ von H ebenfalls die Distanz w.

Damit gilt $f(w) = w$, und die Abbildungsgleichungen lauten

$$\xi = w \cos u,$$
$$\eta = w \sin u. \tag{5}$$

Zwecks Bereitstellung der Fundamentalgrößen $\tilde{E}$, $\tilde{F}$, $\tilde{G}$ sind die partiellen Ableitungen von ξ und η nach u bzw. w zu bilden. Sie lauten

$$\xi_u = -w \sin u, \qquad \xi_w = \cos u,$$
$$\eta_u = w \cos u, \qquad \eta_w = \sin u. \tag{6}$$

Man findet für die Fundamentalgrößen des Bildes

$$\tilde{E} = w^2, \qquad \tilde{F} = 0, \qquad \tilde{G} = 1 \tag{7}$$

und für das Bogenelement des Bildes

$$d\tilde{s}^2 = w^2 \, du^2 + dw^2. \tag{8}$$

Die Meridiane ($u = $ const, $du = 0$) bilden sich unverzerrt ab, während die u-Linien (Breitenkreise) im Verhältnis

$$\frac{d\tilde{s}}{ds} = \frac{w}{\sin w} \tag{9}$$

gestreckt werden. Der Streckfaktor $\lambda(w) = \dfrac{w}{\sin w}$ ist allein Funktion der Poldistanz. Wegen $\lim\limits_{w \to 0} \dfrac{w}{\sin w} = 1$ ist die Abbildung im Pol längentreu und in der Polregion nur wenig abweichend davon. Das Verhältnis der Flächeninhalte führt auf die gleiche Beziehung, nämlich

$$\frac{d\tilde{\Omega}}{d\Omega} = \frac{w}{\sin w} \quad \text{oder} \quad d\tilde{\Omega} = \frac{w}{\sin w} \, d\Omega = \lambda(w) \, d\Omega. \tag{10}$$

Zur besseren Einschätzung der Abbildung werde der Streckfaktor $\lambda(w)$ für einige Poldistanzen numerisch berechnet:

w	0	$\dfrac{\pi}{6}$	$\dfrac{\pi}{4}$	$\dfrac{\pi}{3}$	$\dfrac{\pi}{2}$
$\lambda(w)$	1	1,047	1,111	1,209	1,571

Auch ein globaler Vergleich von Flächeninhalten kann zur Beurteilung der Abbildung nützlich sein. Die Halbkugelfläche hat den Inhalt $A = 2\pi$, das zugehörige Bild ist eine Kreisfläche mit dem Radius $\varrho = \dfrac{\pi}{2}$, und folglich gilt für den Inhalt des Bildkreises

$$\tilde{A} = \pi\varrho^2 = \pi\left(\frac{\pi}{2}\right)^2.$$

Damit besteht für die Flächeninhalte die Proportion

$$A : \tilde{A} = 1 : 1{,}234\,.$$

Beim konstruktiven Herangehen an diesen Netzentwurf stellt sich die Aufgabe, einen Kreisbogen zu rektifizieren. Eine exakte Lösung hierfür gibt es nicht. Um den zum Zentriwinkel w und zum Radius r gehörigen Kreisbogen $\overset{\frown}{AB}$ angenähert zu strecken, trägt man den Radius r von A ausgehend in Richtung Kreismitte M dreimal an. Aus dem erreichten Endpunkt C wird der Punkt B auf die Kreistangente in A projiziert. Dies liefert den Tangentenpunkt D.

Die Strecke $\overline{AD}$ und der Kreisbogen $\overset{\frown}{AB}$ besitzen einen vernachlässigbar kleinen Längenunterschied, wenn $w < \dfrac{\pi}{4}$ gilt.

Für $w < 45°$ ist der relative Fehler kleiner als $0{,}25\,\%$. Die Erfindung der Konstruktion schreibt man dem Kardinal NICOLAUS CUSANUS (1458) und WILLEBRORD SNELLIUS (1621) zu.

Der mittelabstandstreue Azimutalentwurf findet sich bereits in den kartographischen Arbeiten von MERCATOR (1569) und POSTEL (1581). LAMBERT untersuchte diesen Entwurf aus mathematischer Sicht bei allgemeiner Lage von H (1772). Man spricht in diesem Zusammenhang auch von einem speichentreuen Entwurf. Zum Beispiel ist er für Funkmeßkarten, wo ein zentraler Punkt (Sendezentrum) ausgezeichnet ist, von praktischer Bedeutung.

Die den azimutalen Entwürfen angemessene Begrenzungslinie ist der Kreis. So bevorzugt man bei Darstellung der gesamten Erde durch zwei Halbkugelbilder transversale Azimutalentwürfe und wählt hierbei als Hauptpunkte zwei sich auf dem Äquator diametral gegenüberliegende Punkte.

13.2. Orthographische Projektion

Bei diesem Azimutalentwurf ist das Abbildungsmittel ein Parallelstrahlbündel: die Strahlen liegen parallel zur Achse des Globus. Das Bild wird auf jener Seite der Tangentialebene erzeugt, die der Kugel abgekehrt ist. Bei unveränderter Lage der Koordinatenachsen gelten offenbar folgende Abbildungsgleichungen:

$$\xi = \cos u \sin w, \qquad \eta = \sin u \sin w. \tag{11}$$

Bei Beschränkung auf das Bild der nördlichen Halbkugel werden folgende Wertebereiche durchlaufen:

$$-\pi < u \leqq \pi, \qquad 0 \leqq w \leqq \frac{\pi}{2}.$$

Mittels der partiellen Ableitungen

$$\begin{aligned}
\xi_u &= -\sin u \sin w, & \xi_w &= \cos u \cos w, \\
\eta_u &= \cos u \sin w, & \eta_w &= \sin u \cos w
\end{aligned} \tag{12}$$

findet man für die metrischen Fundamentalgrößen des Bildes

$$\tilde{E} = \sin^2 w, \qquad \tilde{F} = 0, \qquad \tilde{G} = \cos^2 w. \tag{13}$$

Daraus resultiert für das Bogenelement

$$\mathrm{d}\tilde{s}^2 = \sin^2 w \, \mathrm{d}u^2 + \cos^2 w \, \mathrm{d}w^2, \tag{14}$$

und aus dieser Darstellung ist abzulesen, daß die u-Linien sich längentreu abbilden, die w-Linien (Meridiane) mit $\lambda(w) = \cos w$ gestaucht werden. Analoges gilt, wie leicht nachzurechnen, für die Flächeninhalte, nämlich

$$d\tilde{\Omega} = \cos w \, d\Omega. \tag{15}$$

Für einen Punkt der ξ-Achse lautet die Gleichung der Tissotschen Indikatrix:

$$\frac{X^2}{\cos^2 w} + Y^2 = 1. \tag{16}$$

Diese Vergleiche zeigen, daß die orthographische Projektion für globale Abbildungen nur bedingt geeignet ist.

So findet dieses Verfahren Anwendung bei der Abbildung von Himmelskörpern unseres Planetensystems, wie Sonne, Mond, Jupiter – allerdings bei transversaler Lage der Objekte. Das bei Betrachtung dieser Himmelskörper durch ein Fernrohr erkennbare Bild gleicht wegen der relativ großen Entfernung einer Parallelprojektion. Auch den von STAB und DÜRER aus dem Jahre 1515 überlieferten Weltkarten liegt dieses Abbildungsprinzip zugrunde.

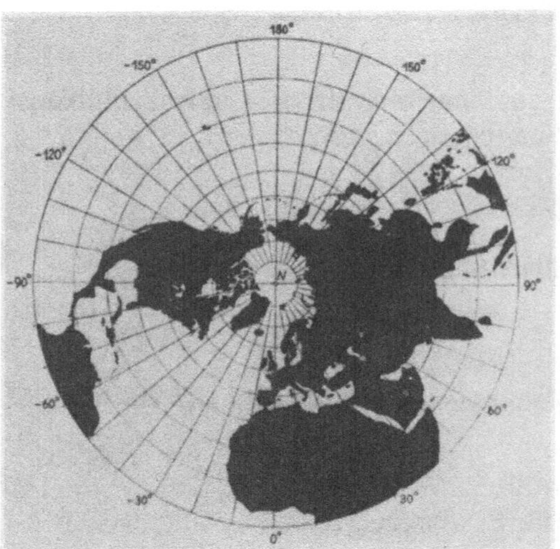

Abb. 38. Stereographische Projektion bei polständiger Lage und Annahme des Südpols als Projektionszentrum (winkeltreuer Azimutalentwurf)

In diesem Zusammenhang soll an zwei bereits früher behandelte Kartenprojektionen erinnert werden. Dies sind die stereographische und die gnomonische Projektion. Die stereographische Projektion zeichnet sich durch Winkeltreue und Kreistreue aus. Ist die Bildebene eine den Globus in einem seiner Pole berührende Ebene, so liegt ein echter Azimutalentwurf vor (Abb. 38). Die gnomonische Projektion liefert Geraden als Bilder von Großkreisen. Bei entsprechender Anordnung der Bildebene ist gleichfalls ein gnomonischer Azimutalentwurf erzeugbar.

13.3. Flächentreuer Azimutalentwurf

Im folgenden Beispiel werde von der speziellen Forderung ausgegangen, die der Azimutalentwurf erfüllen soll. Anknüpfend an die allgemeinen Abbildungsgleichungen (4) wird dann über $f(w)$ so verfügt, daß dieser Entwurf flächentreu ist.

Unter Beachtung von (10.28) sei erinnert, daß bei der hier getroffenen Wahl des Koordinatensystems für das Flächenelement der Kugel gilt:

$$d\Omega = \sqrt{EG - F^2}\, du\, dw = \sin w\, du\, dw.$$

Die Gleichung

$$EG - F^2 = \tilde{E}\tilde{G} - \tilde{F}^2 \tag{17}$$

ist notwendig und hinreichend für die Flächentreue der Abbildung. Von dem Ansatz (4) ausgehend, werden die metrischen Fundamentalgrößen $\tilde{E}$, $\tilde{F}$ und $\tilde{G}$ allgemein berechnet und in (17) eingesetzt. Dies liefert eine Differentialgleichung für die unbekannte Funktion $f(w)$. Zunächst erhält man für die partiellen Ableitungen der Komponenten von $\vec{\tilde{x}}\,(u,\,w)$

$$\xi_u = -f(w)\sin u, \qquad \xi_w = f'(w)\cos u,$$
$$\eta_u = f(w)\cos u, \qquad \eta_w = f'(w)\sin u \tag{18}$$

$$\text{mit } f'(w) = \frac{df}{dw}.$$

7*

Für die metrischen Fundamentalgrößen $\tilde{E}, \tilde{F}, \tilde{G}$ folgt:

$$\tilde{E} = (f(w))^2, \qquad \tilde{F} = 0, \qquad \tilde{G} = (f'(w))^2. \tag{19}$$

Durch Einsetzen von (19) in (17) ergibt sich

$$f^2 f'^2 = \sin^2 w. \tag{20}$$

Da $\sin w$ und $f(w)$ im betrachteten Intervall keine negativen Werte annehmen und $f'(w) > 0$ gilt, kann in (20) beiderseits das Quadrat entfallen, also

$$ff' = \sin w. \tag{21}$$

Diese Differentialgleichung löst man durch Trennen der Veränderlichen und anschließende Integration. Wegen $f' = \dfrac{df}{dw}$ folgt:

$$f\,df = \sin w\,dw. \tag{22}$$

Durch unbestimmte Integration von (22) erhält man [1, S. 481, 549]

$$\tfrac{1}{2} f^2 = -\cos w + C \quad \text{oder}$$

$$f^2 = 2(C - \cos w). \tag{23}$$

Auf Grund der Randbedingung $f(0) = 0$ (Pol geht in den Ursprung der $\xi\eta$-Ebene über) ergibt sich die Bestimmungsgleichung für C:

$$0 = 2(C - 1), \quad \text{also}$$

$$C = 1 \quad \text{und}$$

$$f^2 = 2(1 - \cos w). \tag{24}$$

Der Term $(1 - \cos w)$ soll noch einer goniometrischen Umformung unterzogen werden: Wegen

$$1 = \cos^2 \frac{w}{2} + \sin^2 \frac{w}{2} \quad \text{und}$$

$$\cos w = \cos^2 \frac{w}{2} - \sin^2 \frac{w}{2} \quad \text{gilt weiter:}$$

$$1 - \cos w = 2 \sin^2 \frac{w}{2}. \tag{25}$$

Mit (25) folgt für (24):

$$f^2 = 4 \sin^2 \frac{w}{2}.$$

Da $h(w) = \sin \frac{w}{2}$ im Wertebereich $0 \leq w \leq \pi$ nicht negativ und monoton wachsend ist, kann man

$$f(w) = 2 \sin \frac{w}{2} \tag{26}$$

setzen. Für den flächentreuen Azimutalentwurf erhält man daher die auf die gesamte Kugelfläche anwendbaren Abbildungsgleichungen

$$\xi = 2 \sin \frac{w}{2} \cos u,$$

$$\eta = 2 \sin \frac{w}{2} \sin u. \tag{27}$$

Nun soll das Erfülltsein der Flächentreue geprüft werden. Zunächst folgt aus (26)

$$f'(w) = \cos \frac{w}{2}, \tag{28}$$

aus (18) mit (28)

$$\tilde{E} = 4 \sin^2 \frac{w}{2}, \qquad \tilde{F} = 0, \qquad \tilde{G} = \cos^2 \frac{w}{2} \quad \text{und}$$

$$\tilde{E}\tilde{G} - \tilde{F}^2 = 4 \sin^2 \frac{w}{2} \cos^2 \frac{w}{2} = \sin^2 w. \tag{29}$$

Wegen $E = \sin^2 w$, $F = 0$, $G = 1$ besteht die Gleichung
$$EG - F^2 = \tilde{E}\tilde{G} - \tilde{F}^2,$$

womit die Flächentreue bestätigt ist (Abb. 39).
Aus den Quadraten der Bogenelemente

$$ds^2 = \sin^2 w \, du^2 + dw^2 = 4 \sin^2 \frac{w}{2} \cos^2 \frac{w}{2} \, du^2 + dw^2 \quad \text{bzw.}$$

$$d\tilde{s}^2 = 4 \sin^2 \frac{w}{2} \, du^2 + \cos^2 \frac{w}{2} \, dw^2 \tag{30}$$

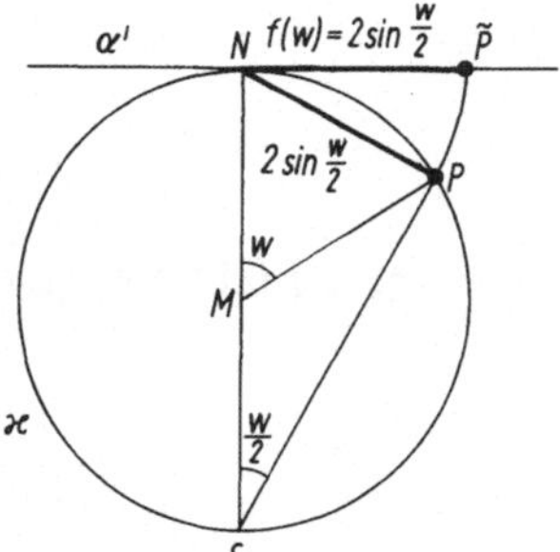

Abb. 39. Konstruktive Bestimmung von $f(w)$ für flächentreuen Azimutalentwurf

können Aussagen über die Verzerrungsverhältnisse in Richtung der Koordinatenlinien bezüglich jedes Punktes abgelesen werden. Längs einer w-Linie ($\mathrm{d}u = 0$) gilt

$$\frac{\mathrm{d}\tilde{s}^2}{\mathrm{d}s^2} = \cos^2\frac{w}{2}, \tag{31a}$$

längs einer u-Linie ($\mathrm{d}w = 0$) gilt

$$\frac{\mathrm{d}\tilde{s}^2}{\mathrm{d}s^2} = \frac{1}{\cos^2\dfrac{w}{2}}. \tag{31b}$$

Damit lautet die Gleichung der Tissotschen Indikatrix in bezug auf einen Punkt der ξ-Achse

$$\frac{X^2}{\cos^2\dfrac{w}{2}} + \frac{Y^2}{\dfrac{1}{\cos^2\dfrac{w}{2}}} = 1. \tag{32}$$

Um diesen flächentreuen Azimutalentwurf auch auf sein globales Verhalten zu untersuchen, soll die Gleichung der Verzerrungsindikatrix für den Äquatorpunkt $\left(u = 0,\ w = \dfrac{\pi}{2}\right)$ numerisch ausgewertet werden. Man erhält:

$$\frac{X^2}{0{,}853\,55} + \frac{Y^2}{1{,}171\,57} = 1.$$

Bei dieser Ellipse verhalten sich die Längen von großer zu kleiner Achse wie $1:0{,}853\,55$.

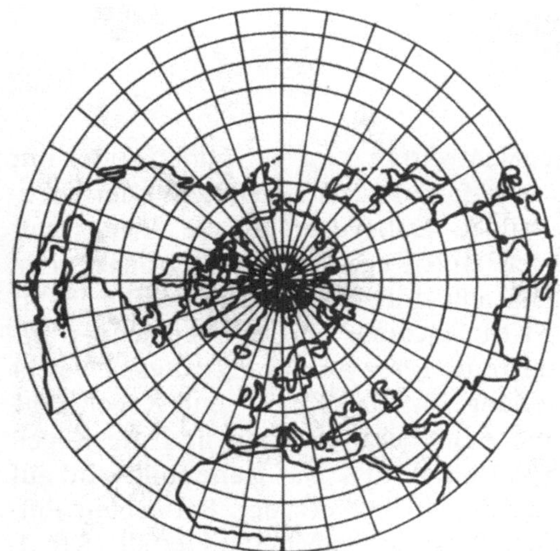

Abb. 40. Flächentreuer Azimutalentwurf mit Nordpol als Hauptpunkt

Damit wird verdeutlicht, daß bei diesem flächentreuen Azimutalentwurf die Längen- und Winkelverzerrungen über die halbe Kugelfläche in annehmbaren Grenzen liegen (Abb. 40). Das sichert ihm in der kartographischen Praxis eine vielfältige Anwendbarkeit. Zum Beispiel liegt bei etwa 20 % aller Karten in „Haack Großer Weltatlas" diese Netzkonstruktion zugrunde.

14. Kegelentwürfe

Allgemeines: Bei Kegelentwürfen wird der Globus oder nur ein Teil davon auf den Mantel eines Drehkegels oder Drehkegelstumpfes abgebildet. Dabei kommt die Eigenschaft zum Tragen, daß sich eine Kegelfläche verzerrungsfrei in eine Ebene abwickeln läßt. Für die kartographische Praxis sind die normalen Kegelentwürfe von entscheidender Bedeutung. Bei Demonstration des Abbildungsvorganges geht man von der Vorstellung aus, daß Kugel- und Kegelfläche auf eine gemeinsame Achse bezogen sind und die Kegelspitze von der Kugel abgewandt ist. Das Kartenbild wird auf der äußeren Seite der Kegelfläche erzeugt. Bei echten Entwürfen werden die Meridiane in die Mantellinien der Kegelfläche abgebildet. Die Parallelkreise der Kugel gehen in Schichtenlinien des Kegels, also Kreise, über. Bei Abwicklung der Bildfläche liegt der gemeinsame Mittelpunkt im Scheitel T der abgewickelten Mantelfläche. Für die Bilder der Koordinatenlinien auf der Kugel bleibt bei diesem Vorgang die orthogonale Durchsetzung gewahrt. Die Hauptverzerrungsrichtungen sind für jeden Bildpunkt in den Kegelerzeugenden und in den Bildern der Parallelkreise zu suchen (Abb. 41).

Dem Vollkreis im Kugelpol entspricht der Öffnungswinkel σ im Scheitel T des verebneten Kegelmantels. Das Winkelverhältnis $\sigma/2\pi$ heißt Abbildungskonstante und wird mit k bezeichnet. Folglich kann man setzen

$$\sigma = 2\pi k. \tag{1}$$

Für Kegelentwürfe gilt $0 < k < 1$. $k = 0$ ergäbe einen Zylinderentwurf, $k = 1$ einen Azimutalentwurf (Abb. 42). Die den Meridianen u_1 und u_2 zugeordneten Bilder $\tilde{u}_1$ bzw. $\tilde{u}_2$ schneiden sich in T unter dem Winkel

$$\tau = k(u_2 - u_1). \tag{2}$$

Kegelige Normalentwürfe lassen zwei Varianten zu: nach

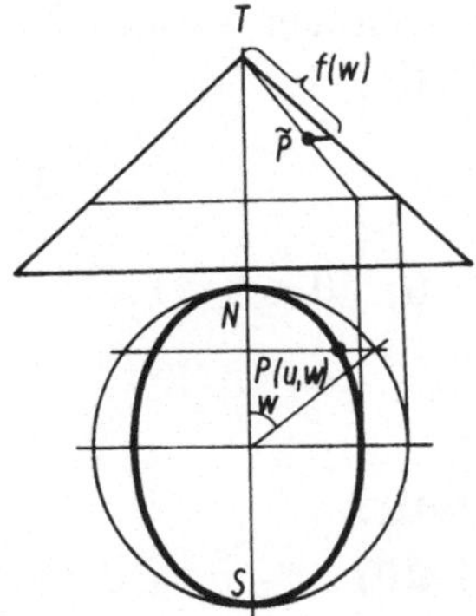

Abb. 41. Schematische Darstellung für Kegelentwürfe

der ersten bildet sich der Pol auf den Scheitelpunkt T des verebneten Kegelmantels ab, nach der zweiten auf einen Kreisbogen mit T als Mittelpunkt. Der vollständig aufgezeichnete Kartenumriß stellt dann den verebneten Mantel eines Kegelstumpfes dar. Zusatzforderungen an den Kartenentwurf entscheiden, welche der beiden Varianten vorteilhaft einzusetzen ist.

Zur Formulierung des allgemeinen Ansatzes für die Abbildungsgleichungen werde der Kegelmantel als Träger des Bildes derart ausgebreitet, daß die Spitze T in den Ursprung 0 des kartesischen Achsenkreuzes (ξ, η) zu liegen kommt. Die ξ-Achse decke sich mit dem Bild des Nullmeridians. In der $\xi\eta$-Ebene stellt sich die Außenseite der Mantelfläche dar.

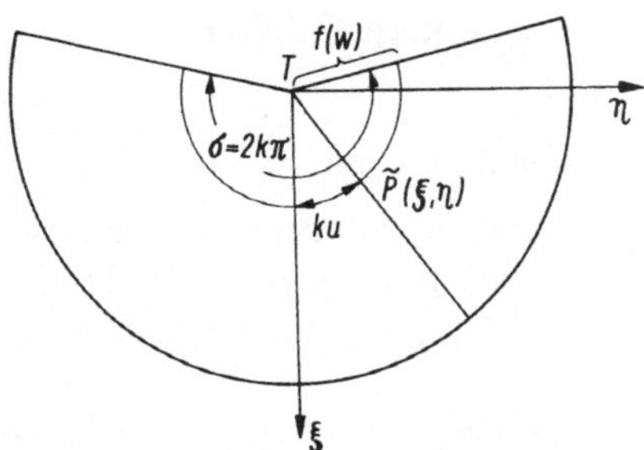

Abb. 42. Koordinatenfestlegung für Kegelabwicklung

Diese Festlegungen berechtigen zu folgendem Ansatz für den echten normalachsigen Kegelentwurf

$$\xi = f(w) \cos t = f(w) \cos ku,$$
$$\eta = f(w) \sin t = f(w) \sin ku \tag{3}$$

mit $\quad -\pi < u \leqq \pi, \quad f(w) \geqq 0, \quad f'(w) > 0, \quad 0 < k < 1.$

14.1. Abstandstreuer Kegelentwurf (Pol bildet sich als Punkt ab)

Völlig analog zum abstandstreuen Azimutalentwurf (13.1.) ist jetzt in (3) $f(w) = w$ zu setzen. Wir hatten w als Poldistanz eingeführt. Nach (3) lauten demnach die Abbildungsgleichungen

$$\xi = w \cos ku, \qquad \eta = w \sin ku \quad \text{mit} \quad 0 \leqq w \leqq \pi. \tag{4}$$

Um Aussagen über die Art der Bildverzerrungen treffen zu können, sind die metrischen Fundamentalgrößen $\tilde{E}, \tilde{F}$ und $\tilde{G}$ bereitzustellen. Aus den ersten partiellen Ableitungen von ξ und η nach u und w

$$\xi_u = -wk \sin ku, \qquad \xi_w = \cos ku,$$
$$\eta_u = kw \cos ku, \qquad \eta_w = \sin ku \tag{5}$$

folgt nach Abschnitt 9. Gl. (8)

$$\tilde{E} = w^2 k^2, \qquad \tilde{F} = 0, \qquad \tilde{G} = 1,$$
$$\tilde{E}\tilde{G} - \tilde{F}^2 = w^2 k^2, \qquad \mathrm{d}\tilde{s}^2 = w^2 k^2 \, \mathrm{d}u^2 + \mathrm{d}w^2. \tag{6}$$

Für die Kugel lauten die entsprechenden Größen

$$E = \sin^2 w, \qquad F = 0, \qquad G = 1,$$
$$EG - F^2 = \sin^2 w, \qquad \mathrm{d}s^2 = \sin^2 w \, \mathrm{d}u^2 + \mathrm{d}w^2. \tag{7}$$

Ein Vergleich von (6) mit (7) zeigt, daß Längen-, Flächen- und Winkeltreue unter einer beliebig vorgegebenen Poldistanz bei Beschränkung auf den Wertebereich $0 \leqq w < \pi$ erreicht werden kann.

Die Forderung der Isometrie ist längs jenes Breitenkreises erfüllt, für den die Gleichung

$$w^2 k^2 = \sin^2 w \tag{8}$$

gilt. In (8) kann man den Exponenten beiderseits kürzen, ohne eine Fallunterscheidung treffen zu müssen, und erhält

$$wk = \sin w. \tag{9}$$

Soll die Isometrie längs des Parallelkreises 52° nördliche Breite (etwa der mittlere Breitenkreis für das Territorium der DDR) gewahrt sein, dann ist die Gleichung

$$k = \frac{\sin w}{w} \tag{10}$$

für diese Breite auszuwerten. Allerdings ist zu beachten, daß hier mit w die Poldistanz, also $w = 38°$, gemeint ist.
Man findet mit Hilfe von Tabellen oder mittels Taschenrechner

$$k = \frac{0{,}615\,66}{0{,}663\,23} = 0{,}928\,27.$$

Dieser Abbildungsfaktor würde aus der hier gestellten Zusatzforderung resultieren.
Umgekehrt kann k vorgegeben sein, und man steht vor der Aufgabe zu berechnen, unter welcher Poldistanz die Abbildung isometrisch ist. Diese Aufgabenstellung führt auf eine transzendente Gleichung, die man nur iterativ lösen kann. Aus (10) ist ablesbar, das k gegen Null strebt, je mehr man sich mit der Isometrieforderung dem Gegenpol nähert. Für $k = 0$ versagen die Abbildungsgleichungen (3).
Als Streckfaktor längs einer u-Linie ($dw = 0$) findet man nach (6) und (7)

$$\lambda_1^2 = \frac{w^2 k^2}{\sin^2 w}.$$

Als Streckfaktor längs einer w-Linie ($du = 0$) findet man nach (6) und (7)

$$\lambda_2^2 = 1.$$

Bezüglich eines Punktes der ξ-Achse lautet die Gleichung für die Verzerrungsellipse:

$$X^2 + \frac{Y^2}{\dfrac{w^2 k^2}{\sin^2 w}} = 1. \tag{11}$$

Für den Isometriepunkt J auf der ξ-Achse, in dem Gleichung (10) erfüllt ist, wird die Indikatrix zum Einheitskreis. Ist T das Bild des Nordpoles, so kann man weiter aus (11) folgern: Für Bildpunkte nördlich von J liegt die Hauptachse der Indikatrix in der ξ-Achse, für Bildpunkte südlich von J liegt sie senkrecht zur ξ-Achse.

Aus (11) folgt für die Länge der veränderlichen Ellipsenhalbachse

$$b = \frac{wk}{\sin w}. \tag{12}$$

Um eine genauere Aussage über die Abhängigkeit der Halbachse b bei wachsender Poldistanz w treffen zu können, werde die erste Ableitung $\mathrm{d}b/\mathrm{d}w$ gebildet und auf ihr Vorzeichen im Intervall $(0, \pi)$ untersucht.

Man erhält nach (12) unter Anwendung der Quotientenregel beim Differenzieren

$$\frac{\mathrm{d}b}{\mathrm{d}w} = \frac{k}{\sin^2 w} \, (\sin w - w \cos w). \tag{13}$$

Offensichtlich gilt $\mathrm{d}b/\mathrm{d}w > 0$ über das Intervall $(0, \pi)$. Vom Bild des Nordpols bis zum Bild des Südpols ist die horizontale Achse der Tissotschen Indikatrix monoton wachsend, während die vertikale – in Richtung des Meridianbildes zeigende – Halbachse unabhängig von der Poldistanz gleich Eins ist [1, S. 457].

14.2. Abstandstreuer Entwurf auf Tangentialkegel der Kugel (Pol bildet sich auf Kreisbogen ab)

Zur Realisierung des Abbildungsvorganges sei folgende spezielle Lagebeziehung zwischen Kugelfläche und Bildfläche

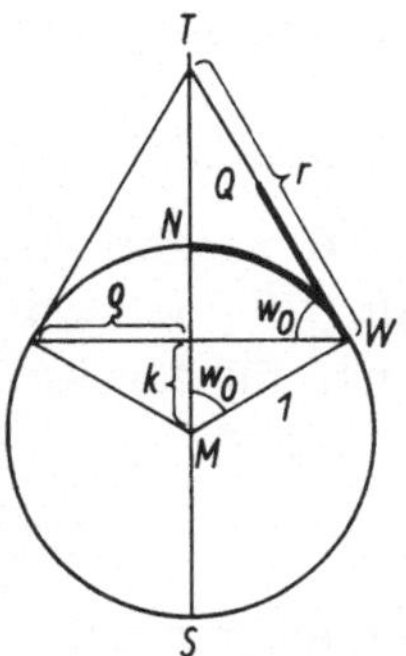

Abb. 43. Schnittdarstellung für abstandstreuen Entwurf auf Tangentialkegel (Pol erscheint als Kreisbogen)

hergestellt: Die koaxial angeordnete Kugel- und die Kegelfläche berühren einander längs des Breitenkreises mit der Poldistanz w_0.

Ist ϱ der Radius des Berührungskreises, U sein Umfang und r die Distanz von der Kegelspitze T bis zum Berührungspunkt W mit der Kugel, so lassen sich aus einem axialen Schnitt (Abb. 43) der beiden Flächen folgende Größenbeziehungen ablesen:

$$\varrho = \sin w_0, \quad \varrho = r \cos w_0, \quad r = \tan w_0,$$
$$U = 2\pi\varrho = 2\pi r \cos w_0, \quad U = r\sigma, \quad \text{also} \quad \sigma = 2\pi \cos w_0. \tag{14}$$

Wegen $\sigma = 2\pi k$ folgt weiter

$$\cos w_0 = k. \tag{15}$$

Nun ist zu fragen, ob die Forderung der Isometrie der Abbildung längs des Berührungskreises von Kugel und Kegel mit der Forderung der Eindeutigkeit des Bildes vom Pol vereinbar ist.

Zunächst wäre wegen der Abstandstreue zu fordern:

$$\overline{TW} = f(w_0) = w_0. \tag{16}$$

Wie jedoch oben festgestellt, gilt

$$\overline{TW} = r = \tan w_0. \tag{17}$$

Da andererseits für $0 < w < \dfrac{\pi}{2}$ die Ungleichung $w < \tan w$ besteht, ist die Abstandstreue mit einem Punkt als Bild des Poles wegen (16) und (17) nicht realisierbar. Wir fragen nach dem Radius jenes Kreisbogens um T, der als Bild des Poles zu interpretieren ist.

In der ebenen Schnittfigur (Abb. 43) wird verdeutlicht, wie die Abwicklung des Meridianbogens $\overset{\frown}{NW}$ von W aus auf die Tangente TW zum Punkt Q führt. Daher gilt $\overline{QW} = w_0$ (Abwicklung vom Einheitskreis!). Somit erhält man für den Radius des Kreisbogens, auf den sich der Pol abbildet:

$$\overline{TQ} = r - w_0 = \tan w_0 - w_0. \tag{18}$$

Von Q aus wird der Meridian der Kugel abstandstreu abgewickelt. Damit lauten für diesen echten Kegelentwurf die Abbildungsgleichungen

$$\xi = (\tan w_0 - w_0 + w) \cos ku,$$
$$\eta = (\tan w_0 - w_0 + w) \sin ku. \tag{19}$$

Da w_0 und k durch die Beziehung (15) miteinander verknüpft sind, lassen sich w_0 und $\tan w_0$ auf der rechten Seite von (19) durch k ausdrücken.

Mit $w_0 = \arccos k$ und $\tan w_0 = \dfrac{1 - k^2}{k}$ erhält man für (19)

$$\xi = \left(\frac{1 - k^2}{k} - \arccos k + w \right) \cos ku,$$
$$\eta = \left(\frac{1 - k^2}{k} - \arccos k + w \right) \sin ku. \tag{20}$$

Um zu Aussagen über die Güte dieses Kegelentwurfes zu gelangen, kann wieder der Zugang über die metrischen Fundamentalgrößen benutzt werden. Bei Bildung der partiellen Ableitungen von ξ und η nach u bzw. w sei abkürzend in (19) gesetzt:

$$p = \tan w_0 - w_0. \tag{21}$$

Man findet:

$$\xi_u = -k(p + w) \sin ku, \qquad \xi_w = \cos ku,$$
$$\eta_u = k(p + w) \cos ku, \qquad \eta_w = \sin ku \tag{22}$$

und $\quad \tilde{E} = k^2(p + w)^2, \qquad \tilde{F} = 0, \qquad \tilde{G} = 1.$

Durch Vergleich der Quadrate der Bogenelemente

$$\mathrm{d}s^2 = \sin^2 w \, \mathrm{d}u^2 + \mathrm{d}w^2 \quad \text{und}$$
$$\mathrm{d}\bar{s}^2 = k^2(p + w)^2 \, \mathrm{d}u^2 + \mathrm{d}w^2 \tag{23}$$

von Kugel und Kegel findet man folgende Verzerrungsfaktoren:

a) längs der u-Linien

$$\lambda_1 = \frac{k(p + w)}{\sin w}, \tag{24}$$

b) längs der w-Linien

$$\lambda_2 = 1. \tag{25}$$

Die Verzerrungsfaktoren λ_1 und λ_2 sind wieder interpretierbar als Halbachsenlängen der Tissotschen Verzerrungsindikatrix. Entsprechend der Wahrung der Abstandstreue vom Bild des Poles ist $\lambda_2 = 1$.

Hingegen hängt λ_1 von der Poldistanz w ab. Diese Abhängigkeit soll noch näher untersucht werden. Hierzu setzen wir $\lambda_1 = b$, bilden die erste Ableitung $\dfrac{\mathrm{d}b}{\mathrm{d}w}$, und man erhält nach der Quotientenregel aus (24):

$$\frac{\mathrm{d}b}{\mathrm{d}w} = k \frac{\sin w - \cos w \, (p + w)}{\sin^2 w}. \tag{26}$$

Nun interessiert speziell der Wert der ersten Ableitung im Berührungskreis von Kegel und Kugel; d. h. für $w = w_0$. Man findet mit (21)

$$\left. \frac{\mathrm{d}b}{\mathrm{d}w} \right|_{w = w_0} = k \frac{\sin w_0 - \cos w_0 \, (\tan w_0 - w_0 + w_0)}{\sin^2 w_0}. \tag{27}$$

Man sieht, daß die Ableitung $\dfrac{\mathrm{d}b}{\mathrm{d}w}$ für diese Stelle verschwindet. Der Verzerrungsfaktor λ_1 durchläuft daher in der Breite des Berührungskreises ein Extremum. Zur Entscheidung über die Art ist die zweite Ableitung $\dfrac{\mathrm{d}^2 b}{\mathrm{d}w^2}$ für $w = w_0$ heranzuziehen; eine hier nicht angeführte Zwischenrechnung führt zu folgendem Ergebnis:

$$\left.\frac{d^2 b}{dw^2}\right|_{w=w_0} = \frac{\tan w_0 - \sin w_0 \cos w_0}{\sin^3 w_0}. \tag{28}$$

Die zweite Ableitung ist für $w = w_0$ positiv, d.h., der Verzerrungsfaktor λ_1 durchläuft beim Schnitt des Meridians mit dem Berührungskreis ein Minimum [1, S. 457]. Ferner gilt wegen (15), (21) und (24)

$$\lambda_1(w_0) = \frac{\cos w_0 \, (\tan w_0 - w_0 + w_0)}{\sin w_0} = 1. \tag{29}$$

Die Ergebnisse (27), (28) und (29) lassen den Schluß zu, daß sich für eine nicht zu breite Kugelzone mit dem Berührungskreis als Mittellinie recht günstige Abbildungsbedingungen ergeben, wo die Forderung nach Isometrie mit guter Näherung erfüllt ist.
Auch dieser Entwurf ist schon sehr alt. Er geht auf CLAUDIUS PTOLEMÄUS (um 150 u. Z.) zurück.

14.3. Flächentreuer Kegelentwurf
(Pol bildet sich als Punkt ab)

Grundlage für die Herleitung dieser Abbildung sind die Gleichungen (3). Weiterhin sind die vier partiellen Ableitungen erster Ordnung

$$\xi_u = -kf(w) \sin ku, \qquad \xi_w = f'(w) \cos ku,$$
$$\eta_u = kf(w) \cos ku, \qquad \eta_w = f'(s) \sin ku, \tag{30}$$

wobei $f'(w) = \dfrac{df}{dw},$

bereitzustellen. Mit (30) folgt für die metrischen Fundamentalgrößen des Bildes:

$$\tilde{E} = k^2 f^2, \qquad \tilde{F} = 0, \qquad \tilde{G} = f'^2. \tag{31}$$

Der für den Flächeninhalt bestimmende Ausdruck lautet:

$$\tilde{E}\tilde{G} - \tilde{F}^2 = k^2 f^2 f'^2; \tag{32}$$

für die Kugelfläche gilt:

$$EG - F^2 = \sin^2 w. \tag{33}$$

Notwendig und hinreichend für die Flächentreue der Abbildung ist nach Abschnitt 9. Gl. (23)

$$\tilde{E}\tilde{G} - \tilde{F}^2 = EG - F^2, \quad \text{also}$$

$$k^2 f^2 f'^2 = \sin^2 w. \tag{34}$$

Nach den bereits früher angestellten Überlegungen kann in (34) auf beiden Seiten die Quadratwurzel gezogen werden, ohne eine Fallunterscheidung treffen zu müssen. Die Forderung der Flächentreue an den Kegelentwurf führt auf die Differentialgleichung

$$kf(w)f'(w) = \sin w. \tag{35}$$

Zur Vorbereitung der Integration sind in Gleichung (35) die Variablen zu trennen [1, S. 481, 549]. Unter Beachtung von

$$f'(w) = \frac{\mathrm{d}f}{\mathrm{d}w} \text{ ergibt sich}$$

$$kf\,\mathrm{d}f = \sin w\,\mathrm{d}w. \tag{36}$$

Beiderseits ist zunächst unbestimmt zu integrieren

$$k\int f\,\mathrm{d}f = \int \sin w\,\mathrm{d}w + C. \tag{37}$$

In (37) stehen auf beiden Seiten leicht ausführbare Fundamentalintegrale

$$\frac{kf^2}{2} = -\cos w + C \quad \text{oder}$$

$$kf^2 = 2(C - \cos w). \tag{38}$$

Da sich der Pol auf den Scheitelpunkt des Kegelmantels abbildet, ist noch die folgende Randbedingung zu beachten: $f(0) = 0$. Damit folgt für die vorläufige Lösung (38):

$$0 = C - \cos 0, \quad \text{also} \quad C = 1.$$

In (38) läßt sich mit diesem Ergebnis links und rechts die Wurzel ziehen:

$$f(w) = \sqrt{\frac{2}{k}}\,\sqrt{1 - \cos w}. \tag{39}$$

Wegen $1 - \cos w = 2 \sin^2 \dfrac{w}{2}$ kann weiter vereinfacht werden:

$$f(w) = \frac{2}{\sqrt{k}} \sin \frac{w}{2}. \tag{40}$$

Mit (3) und (40) lauten die Abbildungsgleichungen für diesen Fall:

$$\xi = \frac{2}{\sqrt{k}} \sin \frac{w}{2} \cos ku, \qquad \eta = \frac{2}{\sqrt{k}} \sin \frac{w}{2} \sin ku. \tag{41}$$

Nun soll die Probe auf die Flächentreue ausgeführt werden. Hierzu sind wieder die partiellen Ableitungen erster Ordnung bereitzustellen:

$$\xi_u = -2 \sqrt{k} \sin \frac{w}{2} \sin ku, \qquad \xi_w = \frac{1}{\sqrt{k}} \cos \frac{w}{2} \cos ku,$$

$$\eta_u = 2 \sqrt{k} \sin \frac{w}{2} \cos ku, \qquad \eta_w = \frac{1}{\sqrt{k}} \cos \frac{w}{2} \sin ku. \tag{42}$$

Für die metrischen Fundamentalgrößen der Flächentheorie folgt weiter

$$\tilde{E} = 4k \sin^2 \frac{w}{2}, \qquad \tilde{F} = 0, \qquad \tilde{G} = \frac{1}{k} \cos^2 \frac{w}{2}, \tag{43}$$

und der für den Flächeninhalt bestimmende Ausdruck (32) lautet

$$\tilde{E}\tilde{G} - \tilde{F}^2 = 4 \sin^2 \frac{w}{2} \cos^2 \frac{w}{2} = \sin^2 w. \tag{44}$$

Wegen $EG - F^2 = \sin^2 w$ für die Kugelfläche ist die Flächentreue der Abbildung bewiesen.

Abschließend interessiert uns noch die Frage, unter welcher Breite dieser flächentreue Kegelentwurf auch winkeltreu und damit isometrisch ist. Die notwendige und hinreichende Bedingung für Winkeltreue lautet in dem vorliegenden konkreten Fall nach Abschnitt 9. Gl. (20):

$$\frac{4k^2 \sin^2 \dfrac{w}{2}}{\cos^2 \dfrac{w}{2}} = \frac{\sin^2 w}{1}. \tag{45}$$

Wegen $\sin^2 w = 4 \sin^2 \dfrac{w}{2} \cos^2 \dfrac{w}{2}$ folgt aus (45) $k^2 = \cos^4 \dfrac{w}{2}$, also

$$k = \cos^2 \frac{w}{2} \quad \text{und} \tag{46}$$

$$w = 2 \arccos \sqrt{k}. \tag{47}$$

Gefragt sei nach der Abbildungskonstanten k, wenn unter der geographischen Breite $v = 52°$ (Breitenkreis südlich von Magdeburg) die Abbildung isometrisch sein soll. Mit $w = 38°$ als Poldistanz findet man $k = 0,894$. Umgekehrt kann die Abbildungskonstante k vorgegeben sein, und man fragt, unter welcher geographischen Breite diese Abbildung isometrisch ist. Bei Vorgabe von $k = 0,64$ gilt $w = 2 \arccos 0,8$. Die numerische Auswertung liefert

$w = 79°$ und $v = 11°$.

14.4. Flächentreuer Entwurf auf berührenden Kegel (Pol bildet sich auf Kreisbogen ab)

Für den flächentreuen Kegelentwurf kann ebenfalls von der in 14.3. gefundenen Gleichung (38) ausgegangen werden. Sie lautet:

$$f^2 = \frac{2}{k} (C - \cos w). \tag{48}$$

In (48) ist über C so zu verfügen, daß der Bildkegel die Kugel unter der Poldistanz w_0 berührt. Zur Verdeutlichung der geometrischen Beziehungen legt man einen ebenen Axialschnitt durch die sich berührenden Flächen (Abb. 44). Offensichtlich gilt

$$f(w_0) = \tan w_0. \tag{49}$$

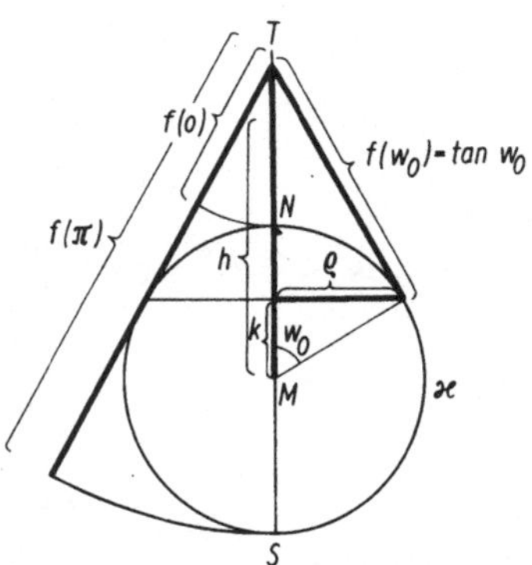

Abb. 44. Schnittdarstellung für flächentreuen Entwurf auf Tangentialkegel

Ferner sind aus Abb. 44 folgende Formeln für den Umfang U des Berührungskreises ablesbar:

$$U = \sigma f(w_0) = \sigma \tan w_0, \tag{50}$$

$$U = 2\pi\varrho = 2\pi \sin w_0. \tag{51}$$

Aus (50) und (51) folgt

$$2\pi \cos w_0 = \sigma. \tag{52}$$

Wegen $\quad 2\pi k = \sigma \quad$ gilt $\quad k = \cos w_0.$ \qquad (53)

Ist $h = \overline{TM}$ (Distanz Kegelspitze – Kugelmittelpunkt), so läßt sich weiter schreiben:

$$\frac{1}{h} = \cos w_0. \tag{54}$$

Aus (53) und (54) folgt:

$$k = \frac{1}{h}. \tag{55}$$

Nach diesen Vorbereitungen soll die Konstante C bestimmt werden. Wegen (49) und (53) kann für (48) geschrieben werden

$$\tan^2 w_0 = \frac{2}{\cos w_0} \, (C - \cos w_0)$$

oder wegen (53)

$$\frac{1 - k^2}{k^2} = \frac{2}{k}(C - k).$$

Für die Konstante C folgt daraus

$$C = \frac{1 + k^2}{2k}. \tag{56}$$

Durch Einsetzen von (56) in (48) ergibt sich schließlich

$$f(w) = \sqrt{\frac{2}{k}\left[\frac{1 + k^2}{2k} - \cos w\right]}, \tag{57}$$

und mit (55) erhält man für (57)

$$f(w) = \sqrt{h^2 + 1 - 2h \cos w}. \tag{58}$$

Zunächst sind die Bilder der Pole von Interesse. Aus (58) ist abzulesen:

$$f(0) = h - 1 \quad \text{und} \quad f(\pi) = h + 1.$$

Die Bilder der Pole sind Kreisbögen mit T als gemeinsamem Mittelpunkt, den Radien $r_1 = h - 1$ und $r_2 = h + 1$ und dem Scheitelwinkel $\sigma = \dfrac{2\pi}{h}$.

Der Radius des Berührungskreises ist $r_0 = \sqrt{h^2 - 1} = \sqrt{r_1 r_2}$. Anschaulich kann man die Bildfläche mit einem Lampenschirm vergleichen, der in die Ebene abgerollt wird (Abb. 45).

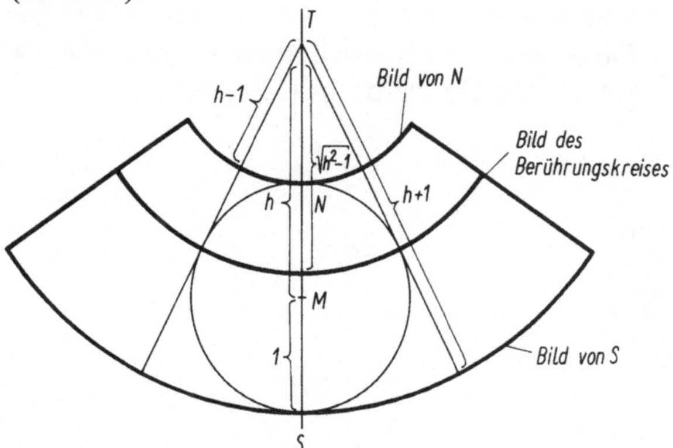

Abb. 45. Mantelfläche des Kegelstumpfes nach Abwicklung in die Ebene

Zur Vollständigkeit sollen die Abbildungsgleichungen für diesen Entwurf ausgeschrieben werden. Sie lauten:

$$\xi = \sqrt{h^2 + 1 - 2h \cos w}\, \cos \frac{u}{h},$$

$$\eta = \sqrt{h^2 + 1 - 2h \cos w}\, \sin \frac{u}{h}. \tag{59}$$

Die Formel (58) eröffnet einen gut überschaubaren konstruktiven Weg zur graphischen Ermittlung von Bildpunkten (Abb. 46). Im Dreieck MP_0T liegt die Strecke $\overline{P_0T}$ dem Winkel w gegenüber. Für die Längen der anliegenden Strecken des Winkels w gilt $\overline{MT} = h$ und $\overline{MP_0} = 1$. Entsprechend dem Kosinus-Satz der ebenen Trigonometrie kann nach (58)

$$f(w) = \overline{P_0T} \tag{60}$$

gesetzt werden. Ist daher ein beliebiger Kugelpunkt P auf die Kegelfläche abzubilden, so dreht man diesen Punkt um die gemeinsame Achse (TM) in die Zeichenebene und erhält P_0. Mittels eines Zirkelschlages um T mit $\overline{P_0T}$ als Radius bringt man P_0 auf die äußere Mantellinie und erhält $\tilde{P}_0$. Anschließend ist $\tilde{P}_0$ durch Umkehrung der Drehung auf die der ursprünglichen Meridianlage entsprechende Mantellinie des Kegels zu bringen. So ergibt sich der auf dem Bildkegel liegende Punkt $\tilde{P}$ als Bild von P.

Mittels (59) werde weiter bestätigt, daß die Abbildung flächentreu und längs des Berührungskreises isometrisch ist. Zur Abkürzung der Formeln werde in (59) gesetzt

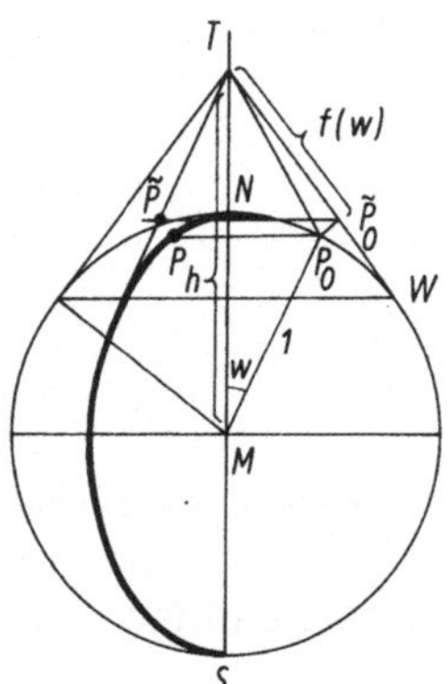

Abb. 46. Konstruktive Punktübertragung bei flächentreuem Entwurf auf Tangentialkegel

$$R = \sqrt{h^2 + 1 - 2h\cos w}\,,$$

und man erhält

$$\xi_u = -\frac{R}{h}\sin\frac{u}{h}\,, \qquad \xi_w = \frac{h}{R}\sin w\cos\frac{u}{h}\,,$$

$$\eta_u = \frac{R}{h}\cos\frac{u}{h}\,, \qquad \eta_w = \frac{h}{R}\sin w\sin\frac{u}{h}\,. \tag{61}$$

Für die metrischen Fundamentalgrößen folgt aus (60)

$$\tilde{E} = \frac{R^2}{h^2}\,, \qquad \tilde{F} = 0\,, \qquad \tilde{G} = \frac{h^2}{R^2}\sin^2 w\,. \tag{62}$$

Wegen $\tilde{E}\tilde{G} - \tilde{F}^2 = \sin^2 w$ ist die Flächentreue der Abbildung bestätigt. Ferner folgt aus (62)

$$\tilde{E} : \tilde{G} = R^4 : h^4\sin^2 w\,. \tag{63}$$

Setzt man in (63) $w = w_0$, so ergibt sich unter Beachtung von (54)

$$R_0^2 = h^2 - 1 \quad \text{und} \quad \tilde{E}_0 : \tilde{G}_0 = \sin^2 w_0 : 1\,. \tag{64}$$

Mit (64) ist die Isometrie dieses Kegelentwurfes längs des Berührungskreises erwiesen.

Durch Gegenüberstellung der Bogenelemente soll eine weitere Aussage über die Qualität der Abbildung längs des Berührungskreises und seiner Umgebung gefunden werden. Es gilt

$$\mathrm{d}s^2 = \sin^2 w\,\mathrm{d}u^2 + \mathrm{d}w^2\,,$$

$$\mathrm{d}\tilde{s}^2 = \frac{R^2}{h^2}\,\mathrm{d}u^2 + \frac{h^2}{R^2}\sin^2 w\,\mathrm{d}w^2\,.$$

Für die Streckfaktoren λ_1 und λ_2 ergibt sich daraus

$$\lambda_1 = \frac{R}{h\sin w} \quad \text{in Richtung der } u\text{-Linien,}$$

$$\lambda_2 = \frac{h\sin w}{R} \quad \text{in Richtung der } w\text{-Linien,}$$

und für den Quotienten dieser Streckfaktoren resultiert

$$\frac{\lambda_1}{\lambda_2} = \frac{h^2 + 1 - 2h\cos w}{h^2\sin^2 w}\,. \tag{65}$$

Durch Ableiten dieses Quotienten nach der Veränderlichen w und Nullsetzen der Ableitung findet man

$$\cos w - \frac{1}{h} = 0. \tag{66}$$

Mit (53) und (55) folgt aus (66), daß der Quotient der Verzerrungsfaktoren bei $w = w_0$ ein Extremum durchläuft. Für $w = w_0$ ist die Tissotsche Indikatrix ein Kreis, für $w \neq w_0$ eine Ellipse.

Die zweite Ableitung von (65) nach der Veränderlichen w nimmt für $w = w_0$ einen positiven Wert an. Folglich durchläuft der Wert des Quotienten der Hauptverzerrungen bei $w = w_0$ ein Minimum. Der Quotient (65) kann auch als das Verhältnis der Achsen der Verzerrungsindikatrix interpretiert werden. Mit (65) läßt sich weiter folgern, daß für $w \neq w_0$ die Hauptachse der Ellipse in die Tangente an die betreffende u-Linie und die Nebenachse in die entsprechende w-Linie fällt. Auf Kartenentwürfen dieser Art erscheinen folglich die dargestellten Objekte in die Breite gezogen, je weiter sie von dem Berührungskreis mit der Poldistanz w_0 entfernt liegen. Genauere Aussagen über die Qualität der Abbildung in der Umgebung des Berührungskreises erfordern Untersuchungen mit wesentlich höherem Rechenaufwand.

14.5. Flächentreuer Kegelentwurf mit zwei längentreuen Breitenkreisen (Entwurf von Albers 1805)

Wegen der außerordentlichen praktischen Bedeutung des flächentreuen Kegelentwurfes nach ALBERS wenden wir uns nun dem mathematischen Zugang zu. Für den allgemeinen flächentreuen Kegelentwurf gilt nach Abschnitt 14.3. Formel (39)

$$f(w) = \frac{1}{\sqrt{k}} \sqrt{2(C - \cos w)}. \tag{67}$$

Es werde nun die Forderung aufgestellt, daß sich die zu den Poldistanzen w_1 und w_2 gehörigen Parallelkreise längentreu abbilden. Für die Länge eines Breitenkreises auf der Kugel gilt

$$U = 2\pi \sin w, \tag{68}$$

für die Länge seines Bildes

$$\tilde{U} = 2\pi k \frac{1}{\sqrt{k}} \sqrt{2(C - \cos w)} . \tag{69}$$

Soll $U = \tilde{U}$ gelten, dann muß die Gleichung

$$2k(C - \cos w) = \sin^2 w$$

erfüllt sein. Wegen $\sin^2 w = 1 - \cos^2 w$ kann weiter geschrieben werden

$$\cos^2 w - 2k \cos w + 2kC - 1 = 0 . \tag{70}$$

Dies ist eine quadratische Gleichung in $\cos w$. Löst man sie nach $\cos w$ auf, ergibt sich

$$\cos w_{1/2} = k \pm \sqrt{k^2 - 2kC + 1} . \tag{71}$$

In der Regel werden die beiden Poldistanzen w_1 und w_2 vorgegeben sein, unter denen die Längentreue der Abbildung erwünscht ist. Man erhält aus (71) $\cos w_1 = k + W$ und $\cos w_2 = k - W$ mit $W = \sqrt{k^2 - 2kC + 1}$.

Aus diesen beiden Gleichungen folgt

$$\cos w_1 + \cos w_2 = 2k \quad \text{oder}$$

$$k = \tfrac{1}{2}(\cos w_1 + \cos w_2) . \tag{72}$$

Diesen Wert für k setzt man in (70) ein und findet bei Auflösung nach C

$$C = \frac{1 + (\cos w_1 + \cos w_2) \cos w - \cos^2 w}{\cos w_1 + \cos w_2} . \tag{73}$$

Setzt man in (73) $w = w_i$, $i = 1,2$, so folgt daraus die Konstante C_i. Wie sich zeigt, gilt

$$C_1 = C_2 = C = \frac{1 + \cos w_1 \cos w_2}{\cos w_1 + \cos w_2} . \tag{74}$$

Durch Einsetzen von (72) und (74) in (67) erhält man die

Funktion $f(w)$ in der Form, daß alle eingangs gestellten Forderungen erfüllt sind. Über die Poldistanzen der sich längentreu abbildenden Parallelkreise kann nun je nach den speziellen Anliegen, auf die die Karte zugeschnitten sein soll, verfügt werden. Die vollständige Formel lautet:

$$f(w) = \qquad\qquad\qquad\qquad\qquad\qquad\qquad\qquad\qquad (75)$$

$$\frac{2}{\cos w_1 + \cos w_2} \sqrt{1 + \cos w_1 \cos w_2 - (\cos w_1 + \cos w_2) \cos w}\,.$$

Für die sich längentreu abbildenden Breitenkreise erhält man nach (75) folgende Bildradien:

$$f(w_i) = \frac{2 \sin w_i}{\cos w_1 + \cos w_2}, \quad i = 1,2\,. \tag{76}$$

Die isometrische Abbildung dieser beiden Breitenkreise kann mit Hilfe der Formeln (50), (51) und (72) bestätigt werden, wobei nur in (50) und (51) w_0 durch w_i, $i = 1,2$, zu ersetzen ist. Nach (50) und (76) gilt für die Länge des Bildkreisbogens zur Poldistanz w_i

$$\tilde{U}_i = 2\pi k \frac{2\sin w_i}{\cos w_1 + \cos w_2}\,.$$

Wegen $k = \dfrac{1}{2} (\cos w_1 + \cos w_2)$ folgt weiter

$$\tilde{U}_i = 2\pi \sin w_i,$$

also nach (51) $\tilde{U}_i = U_i$. Der Nachweis der Flächentreue soll wegen des größeren Rechenaufwandes hier nicht geführt werden; er verläuft analog zu dem früheren Beispiel in Abschnitt 13.3.

Die Pole bilden sich auf Kreisbögen ab. Bei Bezugnahme auf die nördliche Halbkugel erscheint das Bild des Nordpoles als Kreisbogen mit der Länge

$$U_0 = 2\pi \sqrt{1 + \cos w_1 \cos w_2 - (\cos w_1 + \cos w_2)}\,. \tag{77}$$

Durch Einsetzen von (75) und (72) in Gleichung (3) aus Abschnitt 14. ergeben sich die Abbildungsgleichungen für diesen speziellen Kegelentwurf in endgültiger Form.

Wegen der Flächentreue des Entwurfes folgt, daß die Verzer-

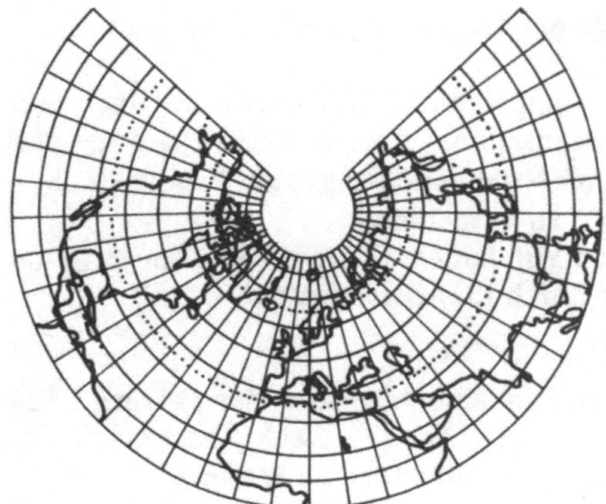

Abb. 47. Flächentreuer Kegelentwurf nach ALBERS mit zwei längentreuen Breitenkreisen bei $w_1 = 25°$ und $w_2 = 55°$

rungsellipsen längs der verzerrungsfreien Parallelkreise Einheitskreise darstellen. Die Abbildung ist daher längs dieser Parallelkreise auch winkeltreu. Für die zwischen den Breitenkreisen mit den Poldistanzen w_1 und w_2 liegende Kugelzone liefert (75) eine Abbildung mit geringen Längen- und Winkelverzerrungen im Vergleich zu anderen Kegelentwürfen. Diese guten Abbildungsqualitäten reichen auch über die ausgezeichneten Breitenlinien hinweg. Auf Grund dieser Vorzüge findet der Entwurf z. B. in „Haack Großer Weltatlas" bei etwa 70 % aller Karten Verwendung. Selbst für Länder mit sehr großer Ost-West-Ausdehnung, wie beispielsweise die Sowjetunion, bietet der Entwurf ein anschauliches Bild der geographischen Lage- und Größenbeziehungen dieses Landes bei angemessener Auswahl der längentreuen Breitenkreise (Abb. 47).
Diese den anderen Kegelentwürfen in vieler Hinsicht überlegene Abbildungsart stammt von dem Lüneburger Privatgelehrten H. CH. ALBERS. Er veröffentlichte sie im Jahre 1805.

14.6. Winkeltreuer Kegelentwurf

Für diesen Fall können die Gleichungen (3) des Abschnitts 14. als Ausgangspunkt dienen. Ferner sind die partiellen Ableitungen erster Ordnung für ξ und η Abschnitt 14.3. Gl. (30) zu entnehmen.
Auch die metrischen Fundamentalgrößen des Bildes sind im gleichen Abschnitt durch (31) bereitgestellt. Es gilt

$$\tilde{E} = k^2 f^2, \qquad \tilde{F} = 0, \qquad \tilde{G} = (f')^2. \tag{78}$$

Die entsprechenden Fundamentalgrößen des Originals finden sich im Abschnitt 14.1. Gl. (7). Nach Abschnitt 9. Gl. (20) ist für winkeltreue Abbildungen zu fordern:

$$E : F : G = \tilde{E} : \tilde{F} : \tilde{G}. \tag{79}$$

Auf den vorliegenden Fall angewandt, resultiert aus der Forderung (79) mit (78)

$$\sin^2 w = \frac{k^2 f^2}{f'^2}, \quad \text{wobei} \quad f = f(w) \quad \text{und} \quad f' = \frac{df}{dw}.$$

Wegen der positiven Definitheit aller beteiligten Funktionen kann beiderseits die Wurzel gezogen werden, ohne Fallunterscheidungen treffen zu müssen:

$$\sin w = k \frac{f}{f'}.$$

Durch Trennung der Veränderlichen resultiert weiter [1, S. 481, 549]

$$\frac{df}{f} = k \frac{dw}{\sin w}. \tag{80}$$

Beiderseitige Integration führt zunächst auf die Gleichung

$$\ln f - \ln C = k \int \frac{dw}{\sin w} \quad (f > 0). \tag{81}$$

Das Integral der rechten Seite ist über eine identische Umformung auf ein bekanntes Fundamentalintegral zurückführbar, doch wegen der Analogie zu dem in Abschnitt 12.3.

ausgewerteten Integral (14) soll der Lösungsweg hier nur kurz skizziert werden. Ausgehend von

$$\sin w = 2 \sin \frac{w}{2} \cos \frac{w}{2} = 2 \tan \frac{w}{2} \cos^2 \frac{w}{2} \tag{82}$$

und $\left(\tan \dfrac{w}{2}\right)' = \dfrac{1}{2 \cos^2 \dfrac{w}{2}}$ führt die Substitution

$$z = \tan \frac{w}{2}, \qquad \mathrm{d}z = \frac{\mathrm{d}w}{2 \cos^2 \dfrac{w}{2}} \tag{83}$$

zum Ziel.
Mit (82) erhält man für die rechte Seite von (81)

$$J = k \int \frac{\mathrm{d}w}{2 \tan \dfrac{w}{2} \cos^2 \dfrac{w}{2}}. \tag{84}$$

Durch Einsetzen von (83) in (84) folgt weiter

$$J = k \int \frac{\mathrm{d}z}{z} = k \ln z \quad (z > 0), \tag{85}$$

und aus (81) ergibt sich mit (85) bei gleichzeitiger Anwendung bekannter Regeln der Logarithmenrechnung

$$\ln \frac{f}{C} = \ln z^k. \tag{86}$$

Da bei der Logarithmusfunktion Eineindeutigkeit in der Zuordnung von Argument und Funktionswert vorliegt, folgt aus (86) die Gleichheit der Argumente, also

$$\frac{f}{C} = z^k \quad \text{und wegen (83)}$$

$$f(w) = C\left(\tan \frac{w}{2}\right)^k. \tag{87}$$

Mit Gleichung (3) aus 14. und Gleichung (87) findet man für die Abbildungsgleichungen des winkeltreuen Kegelentwurfes

$$\xi = C\left(\tan\frac{w}{2}\right)^k \cos ku,$$

$$\eta = C\left(\tan\frac{w}{2}\right)^k \sin ku. \tag{88}$$

Zu dem Ergebnis (88) sei angemerkt, daß man über die Integrationskonstante noch verfügen kann. Folglich läßt sich der Abbildung eine zusätzliche Bedingung auferlegen.

Ein Pol (in der Regel der Nordpol) wird in einen Punkt abgebildet, der mit dem Ursprung des $\xi\eta$-Systems zusammenfällt, hingegen liegt das Bild des Gegenpols im Unendlichen. Der Nachweis der Winkeltreue ist wie in 12.3. beim Mercator-Entwurf zu führen, doch wegen des Rechenaufwandes unterbleibt dies hier.

Über C soll nun so verfügt werden, daß die Kugel vom Bildkegel in einem Breitenkreis mit der Poldistanz w_0 berührt wird. Einerseits gilt nach (87)

$$f(w_0) = C\left(\tan\frac{w_0}{2}\right)^k, \tag{89}$$

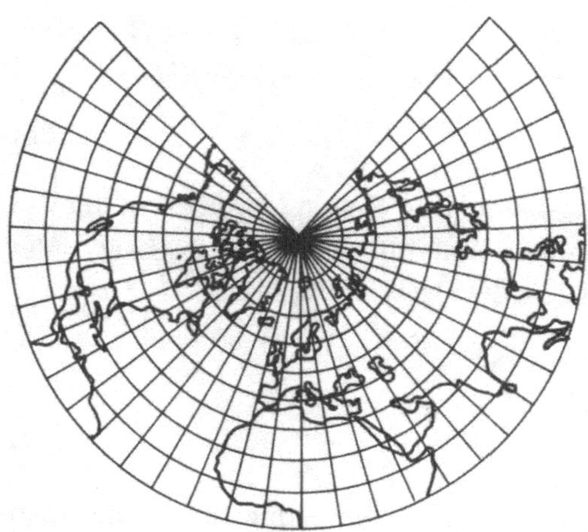

Abb. 48. Winkeltreuer Kegelentwurf nach LAMBERT mit Berührungskreis bei $w_0 = 40°$

andererseits gilt im Falle des berührenden Bildkegels nach Abschnitt 14.2. Formel (14)

$$f(w_0) = \tan w_0 \,. \tag{90}$$

Aus (89) und (90) resultiert für die Integrationskonstante

$$C = \frac{\tan w_0}{\left(\tan \dfrac{w_0}{2}\right)^k} \,. \tag{91}$$

Durch Einsetzen von (91) in (88) erhält man für den winkeltreuen Entwurf auf den Tangentialkegel die Gleichungen

$$\begin{aligned}
\xi &= \tan w_0 \left(\frac{\tan \dfrac{w}{2}}{\tan \dfrac{w_0}{2}}\right)^k \cos ku, \\[2em]
\eta &= \tan w_0 \left(\frac{\tan \dfrac{w}{2}}{\tan \dfrac{w_0}{2}}\right)^k \sin ku \quad \text{mit} \quad k = \cos w_0 \,.
\end{aligned} \tag{92}$$

Dieser winkeltreue Kartenentwurf auf einen Berührungskegel der Kugel ist in LAMBERTS Werk „Beyträge zum Gebrauche der Mathematik ..." mit enthalten. Auch hierbei demonstrierte LAMBERT die Anwendbarkeit der Mathematik bei der Entwicklung neuartiger Netzentwürfe (Abb. 48).

15. Unechte Entwürfe

Zusammenfassend werde noch einmal festgehalten: Bei echten Entwürfen bilden sich die Meridiane des Globus auf ein Büschel von Geraden oder eine Schar zueinander paralleler Geraden ab, die Parallelkreise hingegen auf eine Schar konzentrischer Kreise oder Kreisbögen mit T als gemeinsamem Mittelpunkt. Für den Fall, daß das Bild der Meridiane eine Schar paralleler Geraden darstellt, werden die Parallelkreise in eine Schar hierzu senkrechter Geraden übergeführt. So entsteht ein Netz von Rechtecken als Bild der Parameterlinien. Bei echten Entwürfen bleibt die Rechtschnittigkeit der Netzlinien gewahrt. Die Achsen der Verzerrungsellipsen fallen, soweit sie nicht unbestimmt sind, mit den Tangenten an die Parameterlinien im Bezugspunkt zusammen. Bei den unechten Entwürfen entfällt die Beschränkung auf Kreise und Geraden als Bildkurven der Parameterlinien der Kugel, ebenso die generelle Rechtschnittigkeit der Bildkurven von Meridianen und Parallelkreisen. Mithin fallen auch die Achsen der Verzerrungsellipsen nicht mehr mit den Tangenten an die Netzkurven im Bezugspunkt zusammen. Die Bestimmung der Hauptverzerrungsrichtungen erfordert von Fall zu Fall gesonderte Überlegungen.

Die unechten Entwürfe sind vorwiegend auf die Gesamtdarstellung des Globus durch ein anschauliches ebenes Bild zugeschnitten. Dabei erfährt die Forderung nach flächentreuer Wiedergabe eine bevorzugte Behandlung. Die Winkeltreue ist von untergeordneter Bedeutung. Unter Verzicht auf die Wahrung der Rechtschnittigkeit der Parameterlinien wird die Anschaulichkeit der Wiedergabe stärker durch die Flächentreue als durch die Winkeltreue gefördert.

In neuerer Zeit haben vermittelnde Entwürfe an Boden gewonnen: man ist bemüht um Entwürfe, die bei annähernder Flächentreue die Winkeltreue und damit die Ähnlichkeit im Kleinen nicht allzu stark verletzen.

Bei diesen neueren vermittelnden Entwürfen sind der Äquator und ein Hauptmeridian Symmetrieachsen des Bildes; die Pole bilden sich nicht auf Punkte, sondern auf Pollinien ab. Dadurch erscheinen die Polarzonen stark verzerrt, was jedoch keine nachteiligen Wirkungen für die Anliegen der Praxis hat. Die Parameterkurven bilden sich im allgemeinen auf gekrümmte Linien ab. Wo Geraden als Bilder der Parallelkreise auftreten, führt dies an den Rändern zu unerwünschter Schiefschnittigkeit.

Von der Fülle der unechten Entwürfe kann hier jedoch nur ein kleiner Ausschnitt geboten werden. Eine Systematisierung dieser Abbildungsverfahren nach Art der echten Entwürfe bietet sich nicht an, so daß die chronologische Folge der Entwürfe ein ungefährer Leitfaden für die folgenden Ausführungen sei.

15.1. Stab/Wernerscher Entwurf

Zuerst soll ein bereits in der Antike benutzter unechter Entwurf vorgestellt werden. Historisch belegt ist, daß der Nürnberger Kleriker JOHANNES WERNER (1468–1528) im Jahre 1514 dieses Abbildungsverfahren nach den Angaben des Wiener Mathematikers JOHANN STÖBERER (lat. STABIUS) anwandte. Wesentliche Merkmale dieses Stab/Wernerschen Entwurfes sind: Die Parallelkreise bilden sich in der Ebene auf ein Büschel konzentrischer Kreisbögen längentreu ab. Die Bildkreisradien sind gleich der auf dem Meridian gemessenen Distanz vom Pol bis zum Schnitt mit dem betreffenden Parallelkreis. Die Pole erscheinen als Punkte, wobei der Nordpol in der kartographischen Praxis in den Mittelpunkt der Bildkreise übergeht. Wegen der Wahrung der Längentreue bei den Parallelkreisen sind ihre Bilder nur Kreisbögen, deren Zentriwinkel mit wachsender Poldistanz kleiner werden. Als Umrißlinie des Stab/Wernerschen Entwurfes ergibt sich eine herzförmige Kurve. Aber eine sehr wesentliche Eigenschaft dieser Netzkonstruktion blieb ihren

Erfindern nach STRUBECKER [6] noch verborgen: die Flächentreue des ebenen Bildes.

Wegen der längentreuen Wiedergabe der Breitenkreise spricht man auch von einem abweitungstreuen Entwurf. Sein Nachteil ist bereits an dem Netz zu erkennen, denn in den Randzonen des Bildes ist eine ausgeprägte Schiefschnittigkeit der Parameterlinien zu verzeichnen. Dies wirkt sich nachteilig auf die Bildqualität aus. Wie aus Abb. 52 erkennbar, erscheinen die Meere und Kontinente im Bereich der Polarachse (Europa, Afrika, Mittelmeerregion) fast unverzerrt, während die in den Randzonen liegenden Bilder (Amerika, Asien, Australien) wenig Ähnlichkeit mit der Realität besitzen. Bei der konstruktiven Erarbeitung des Netzes stellt sich die Aufgabe, Kreisbögen zu rektifizieren (Nullmeridian) oder Bogenlängen von einem Kreis auf den anderen mit unterschiedlichen Radien zu übertragen. Hierfür steht eine einfache Näherungskonstruktion zur Verfügung (Abb. 49). Die Bilder der vom Nullmeridian verschiedenen Meridiane gehen in transzendente Kurven über.

Mit diesen Vorgaben sollen die Abbildungsgleichungen für den Stab/Wernerschen Entwurf hergeleitet werden (Abb. 50).

Als Ursprung des rechtwinkligen $\xi\eta$-Systems der Bildebene bietet sich der gemeinsame Mittelpunkt $\tilde{N}$ der Bilder der Parallelkreise an. Die ξ-Achse als Symmetrielinie des Bildes zeige nach unten, die η-Achse nach rechts, und das Herleiten der Abbildungsgleichungen erfolge über Polarkoordinaten. Der zur Poldistanz w gehörende Parallelkreis besitzt als ebenes Bild einen Kreisbogen mit Radius w. Folglich gilt

$$r = w. \tag{1}$$

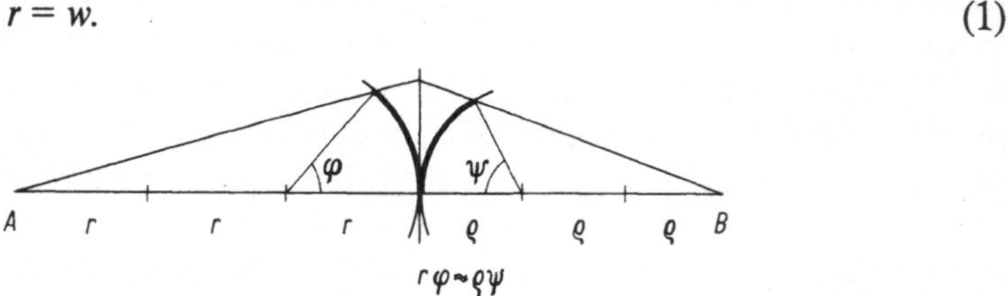

Abb. 49. Genäherte konstruktive Übertragung von Kreisbogenlängen nach CUSANUS

Der Parallelkreis hat den Umfang

$$U = 2\pi \sin w,\tag{2}$$

und der Bildkreisbogen besitze den auf dem Einheitskreis gemessenen Bogen 2α als Zentriwinkel. Daher gilt wegen

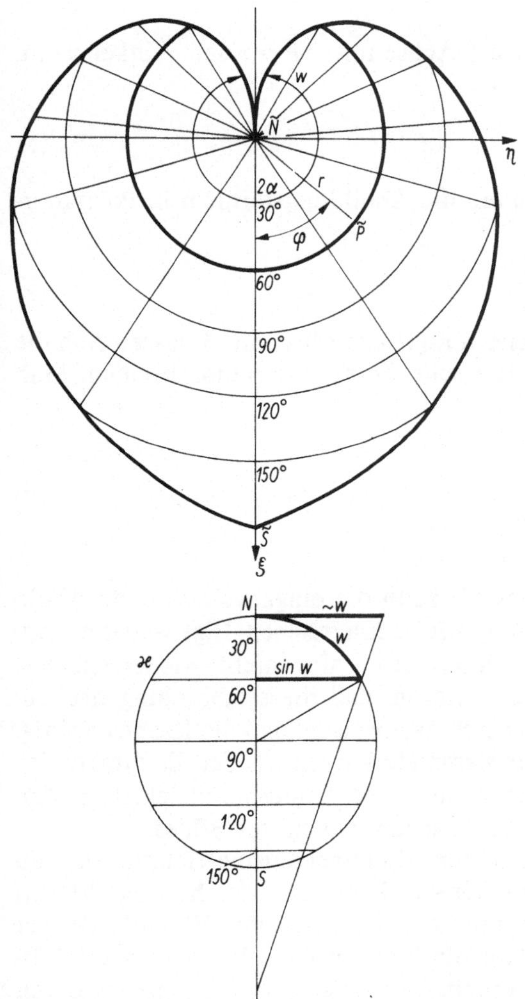

Abb. 50. Netzkonstruktion nach STAB/WERNER

der Abweitungstreue für die Länge des Bildbogens

$$\tilde{U} = 2\alpha w. \tag{3}$$

Aus (2) und (3) folgt wegen $U = \tilde{U}$

$$\frac{\alpha}{\pi} = \frac{\sin w}{w}. \tag{4}$$

Schließt die positive ξ-Achse mit $\overline{\tilde{N}\tilde{P}} = r$ den Winkel φ ein, so ergibt sich aus (4)

$$\frac{\varphi}{u} = \frac{\sin w}{w}. \tag{5}$$

Mit (1) und (5) lauten die Abbildungsformeln in Polarkoordinaten

$$r = w, \quad \varphi = u\,\frac{\sin w}{w}. \tag{6}$$

Unter Zuhilfenahme von (1) aus Abschnitt 3. lassen sich die Formeln (6) in kartesische Koordinaten umschreiben. Man erhält

$$\xi = w \cos\left(u\,\frac{\sin w}{w}\right),$$

$$\eta = w \sin\left(u\,\frac{\sin w}{w}\right). \tag{7}$$

Mit der Darstellung (7) kann die eingangs definierte Abbildung auf ihre differentialgeometrischen Eigenschaften untersucht werden. Durch eine hier nicht wiedergegebene Rechnung läßt sich belegen, daß diese Abbildung flächentreu ist. Ferner läßt sich nachweisen, daß die Rechtschnittigkeit des Netzes von Parameterkurven nur für die Punkte der Polarachse gewahrt bleibt. Die Schiefschnittigkeit in den Randzonen stört die Anschaulichkeit des Bildes.
Unsere Frage nach den Hauptverzerrungsrichtungen und Hauptverzerrungen läßt sich konstruktiv leicht lösen. Wegen der Flächentreue und der längentreuen Wiedergabe der Breitenkreise besteht die hier vorliegende berührende Affinität in einer Scherung. Die Fixgerade dieser perspektiven Affinität fällt mit der Tangente an das Bild des Breitenkrei-

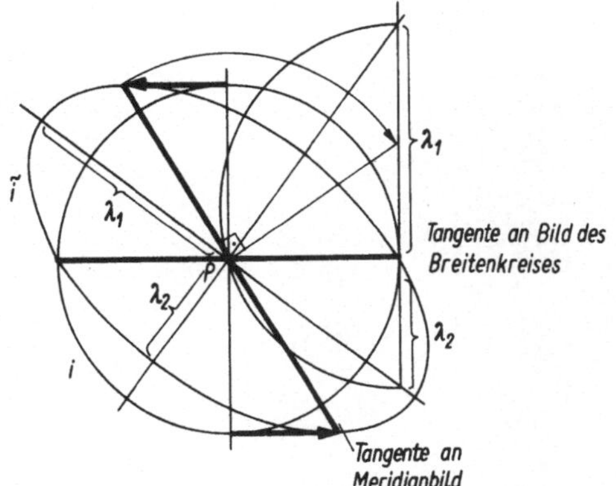

Abb. 51. Ermittlung der Hauptverzerrungsrichtungen und Hauptverzerrungen für flächentreue abweitungstreue Entwürfe mit Hilfe der Rytzschen Hauptachsenkonstruktion

ses im Bezugspunkt zusammen. Der Einheitskreis ist in eine flächengleiche Ellipse zu transformieren, für welche die Tangenten an die Bilder von Meridian und Breitenkreis ein konjugiertes Durchmesserpaar bilden [5, S. 50, 96]. Die Endpunkte des zweiten Durchmessers haben von der Affinitätsachse den Abstand Eins, womit man über ein konjugiertes Durchmesserpaar nach Länge und Richtung verfügt (Abb. 51). Aus diesen Stücken lassen sich nach der bekannten Rytzschen Achsenkonstruktion die Hauptverzerrungen nach Größe und Richtung graphisch ermitteln. Damit kann für lokale Betrachtungen die Längenverzerrung in jeder beliebigen Richtung aus der Verzerrungsellipse abgelesen werden.

Der hier vorgestellte Kartenentwurf hat folgende Vorgeschichte: bereits PTOLEMÄUS nutzte ihn um 150 u. Z. konstruktiv für seine geographischen Karten, jedoch blieb ihm die Flächentreue des Abbildungsverfahrens unbekannt. In der Neuzeit wandte es JOHANNES WERNER (1514) nach Anleitung von JOHANN STABIUS auf eine Weltkarte an. Eine im Original überlieferte Weltkarte nach STAB/WERNER entstammt der Ingolstädter Offizin des PETER APIANUS (dt.: BIENEWITZ), gedruckt um 1530.

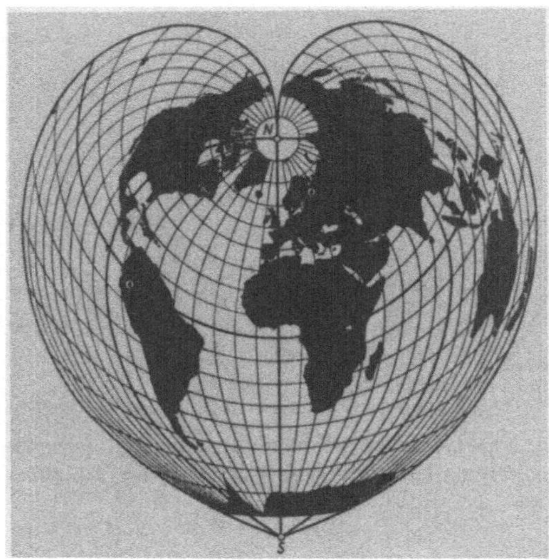

Abb. 52. Umrißkarte nach dem flächentreuen Entwurf von STAB/WERNER

Diese kartographische Abbildung ist einzuordnen als abweitungstreuer, flächentreuer, polständiger, unechter Kegelentwurf (Abb. 52).

15.2. Bonnescher Entwurf

Der oben besprochene Entwurf nach STAB/WERNER ist als Sonderfall in dem Bonneschen Entwurf mit enthalten. Worin besteht diese Verallgemeinerung?
Die Breitenkreise werden längentreu auf die Bögen der Kreislinien eines konzentrischen Büschels abgebildet. Der Radius ϱ des zum Parallelkreis mit der Poldistanz w gehörigen Bildkreisbogens ist nicht mehr gleich der Poldistanz, sondern es gilt

$$\varrho = d + w \quad \text{mit} \quad d > 0. \tag{8}$$

Damit fällt das Bild des Poles nicht mehr mit dem gemeinsamen Mittelpunkt 0 der Bildkreisbögen zusammen. Für den Zentriwinkel des zur Poldistanz w gehörigen Bildkreisbogens folgt aus dieser Festlegung

$$2\alpha = 2\pi \, \frac{\sin w}{w + d}.\tag{9}$$

Damit gilt für den von der positiven ξ-Achse und $\overline{OP} = r$ eingeschlossenen Winkel

$$\varphi = u \, \frac{\sin w}{w + d}.\tag{10}$$

Mit (8) und (10) hat man bereits die Abbildungsgleichungen in der Polarform. Bezieht man diese Formeln auf das kartesische $\xi\eta$-Achsenkreuz mit 0 als Ursprung, dann folgt (Abb. 53)

$$\xi = (w + d)\cos\left(u\,\frac{\sin w}{w + d}\right), \quad \eta = (w + d)\sin\left(u\,\frac{\sin w}{w + d}\right).\tag{11}$$

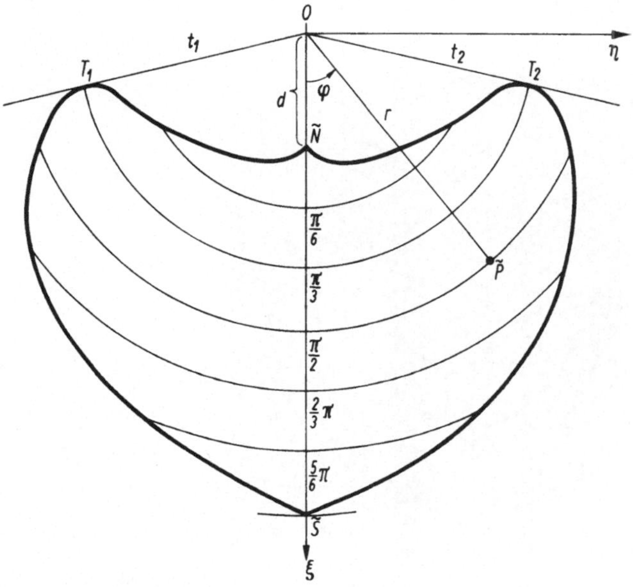

Abb. 53. Netzkonstruktion nach Bonne für $w_0 = 60°$

Worin besteht nun der wesentliche Unterschied zum Entwurf von STAB/WERNER? Bemerkenswert ist die noch willkürlich festlegbare Konstante d. Für $d = 0$ wird Gleichung (11) in Gleichung (7) übergeführt. Durch Berechnung der metrischen Fundamentalgröße F werde gezeigt, was sich mit der Festlegung von d bewirken läßt. Wie bekannt, kann aus $\tilde{F} = 0$ wegen $\tilde{F} = (\vec{x}_u \vec{x}_v)$ geschlossen werden, daß sich die Parameterkurven an der betrachteten Stelle senkrecht schneiden.

Eine hier nicht wiedergegebene Rechnung liefert für diese metrische Fundamentalgröße

$$\tilde{F} = \sin w \left(\cos w - \frac{\sin w}{w + d} \right) u. \tag{12}$$

Mit (12) folgt aus $u = 0$ die Rechtschnittigkeit der Parameterlinien; $u = 0$ ist die Gleichung der Polarachse. Da die ξ-Achse Symmetrielinie des Netzes ist, liegt hier Rechtschnittigkeit vor. Ferner kann durch Nullsetzen von $\cos w - \dfrac{\sin w}{w + d}$ das Verschwinden von $\tilde{F}$ bewirkt werden.

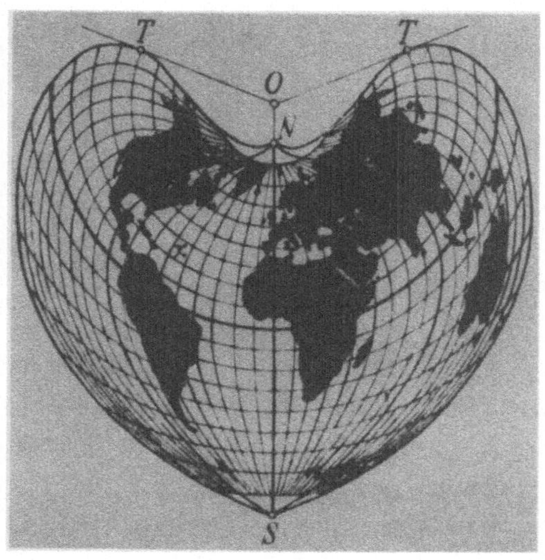

Abb. 54. Umrißkarte nach dem Entwurf von BONNE für $w_0 = 50°$

Will man unter einer bestimmten geographischen Breite mit der Poldistanz w_0 Rechtschnittigkeit der Parameterlinien erzielen, so muß man setzen:

$$d = \tan w_0 - w_0. \tag{13}$$

Wegen der Flächentreue und der längentreuen Wiedergabe des Breitenkreises folgt für die Punkte des Parallelkreises mit der Distanz w_0, daß ihre Verzerrungsindikatrizen Kreise sind. Damit ist auch die Winkeltreue der Abbildung in einer gewissen Umgebung dieses Parallelkreises mit guter Näherung erfüllt. Diese Anpassungsfähigkeit des Entwurfes an bestimmte lokale Bedürfnisse trug in der Vergangenheit zur vielfältigen Anwendung dieser Abbildungsart bei (Abb. 54). Die hier vorliegende flächentreue Abbildung mit längentreuen Parallelkreisen wurde von dem französischen Ingenieur-Geographen RIGOBERT BONNE (1727–1795) im Jahre 1752 angegeben und in der Folgezeit nach ihm benannt. Für viele bedeutende Kartenwerke der Vergangenheit diente der Netzentwurf als Gerüst, und die große Blütezeit für diese Art der Netzgestaltung lag im ausgehenden 18. sowie im 19. Jahrhundert. 1821 wurde die Carte de France unter Mitwirkung von LAPLACE nach dieser Abbildungsart herausgebracht. Kartenwerke der Schweiz, Belgiens, Hollands, Schottlands, Irlands und der deutschen Kleinstaaten Bayern und Baden folgten diesem Vorbild. Auch bei globalen Darstellungen der Erde fand der Entwurf Verwendung. Allerdings setzten im Laufe des 19. Jahrhunderts immer lauter werdende Kritiken wegen der Schiefschnittigkeit des Netzes vor allem in den Randzonen ein (TISSOT, HAMMER, ZÖPPRITZ). Durch das wachsende historische Interesse an der Kartenkunde findet man auch auf heutigen Kalendern nicht selten Reproduktionen von Weltkarten mit der Bonneschen Netzkonstruktion.

15.3. Globularprojektion

Bei dieser Netzkonstruktion handelt es sich – entgegen der Bezeichnung – nicht um eine Projektion. Sie stellt vielmehr einen unechten Azimutalentwurf in transversaler Lage dar. Die Halbkugel wird auf eine Kreisfläche abgebildet, Mittelmeridian und Äquator erscheinen geradlinig und längentreu. Sie bilden ein sich senkrecht schneidendes Durchmesserpaar der Umrißlinie. Alle anderen Meridiane und Breitenkreise bilden sich wieder als Kreise ab. Die Meridiane verlaufen durch die Bilder der Pole und teilen das Bild des Äquators ebenso äquidistant wie die Parallelkreisbilder die Bilder von Mittelmeridian und Grenzmeridianen der Halbkugel. Mit dieser Abbildungsdefinition hat man für jeden Bildkreis drei Punkte und damit den Zugang zur Netzkonstruktion mit Zirkel und Lineal [1, S.321], [2, S.111].
Offensichtlich liegen die Mitten der Parallelkreisbilder auf dem Mittelmeridian und die Mitten der Meridianbilder auf dem Bild des Äquators. Es ist also jeweils der Umkreis zu einem Dreieck zu konstruieren. Sein Mittelpunkt liegt im Schnittpunkt der Mittelsenkrechten dieses Dreiecks. Legt man in den Schnittpunkt von Äquator und Mittelmeridian den Ursprung des kartesischen $\xi\eta$-Koordinatensystems gemäß Abb. 55, so besitzen die Punkte A, B, C des Parallelkreises der Breite v folgende Koordinaten

$$A\left(\frac{\pi}{2}\cos v,\ \frac{\pi}{2}\sin v\right),\quad B\left(-\frac{\pi}{2}\cos v,\ \frac{\pi}{2}\sin v\right),\quad C(0, v).$$

Für das Bild des Parallelkreises durch diese Punkte resultiert daraus die Gleichung

$$(\xi^2 + \eta^2)\left(\frac{\pi}{2}\sin v - v\right) + \eta\left(v^2 - \frac{\pi^2}{4}\right) \\ + \frac{\pi}{2}v\left(\frac{\pi}{2} - v\sin v\right) = 0. \tag{14}$$

Dem Meridianbild zur Länge u sind nach Definition des Netzentwurfes die Punkte N, M, S (M: Schnitt von Meridian und Äquator) mit folgenden Koordinaten zugeordnet:

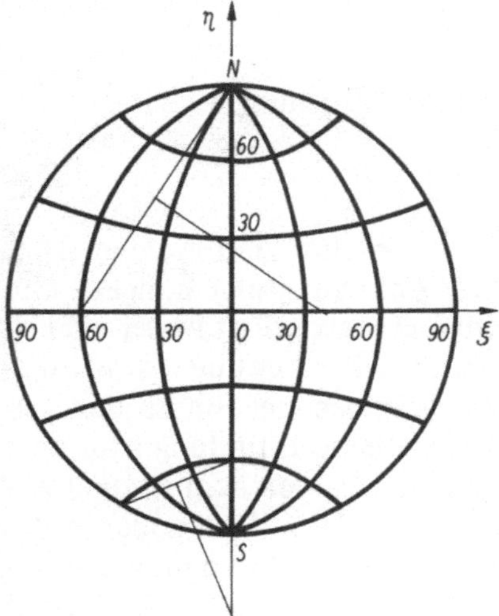

Abb. 55. Netzkonstruktion nach NICOLOSI (Globularprojektion)

Abb. 56. Darstellung einer Erdhalbkugel mittels Globularprojektion

$$N\left(0, \frac{\pi}{2}\right), \quad M(u, 0), \quad S\left(0, -\frac{\pi}{2}\right).$$

Für den Bildkreis erhält man die Gleichung

$$(\xi^2 + \eta^2)\, u - \xi\left(u^2 - \frac{\pi^2}{4}\right) - u\,\frac{\pi^2}{4} = 0. \tag{15}$$

Aus (14) und (15) kann ξ und η eliminiert werden. Dies führt zu recht komplizierten Abbildungsgleichungen, und ohne Beweis sei festgehalten: Der Entwurf ist weder winkeltreu noch rechtschnittig. Auch die Flächentreue ist bei dieser Abbildung nicht gewahrt. Man rechnet ihn zu den vermittelnden Entwürfen (Abb. 56). Seine Erfindung wird dem Italiener G. B. NICOLOSI zugeschrieben, von dem er 1660 veröffentlicht wurde. Diese Netzkonstruktion fand außer in Italien auch in Frankreich und England Anwendung und erhielt die Bezeichnung „Globularprojektion". Heutzutage jedoch hat dieser Entwurf nur noch geringe Bedeutung. Bei historischen Erddarstellungen ist diese Abbildungsart auf zwei Kreisflächen zuweilen wiederzufinden.

15.4. Unechter Zylinderentwurf nach Mercator/Sanson

Bei Abbildungen der gesamten Globusfläche in ein einfach zusammenhängendes ebenes Gebiet, eine Planisphäre, unterstützt in der Regel das Netz von Parameterlinien die Bildvorstellung von einer Kugel. Als Beispiel hierfür sei der unechte Zylinderentwurf nach MERCATOR/SANSON auch wegen der historischen Bedeutung für die Kartenentwurfslehre behandelt.

Gefordert wird die längentreue Wiedergabe der Parallelkreise und des Mittelmeridians auf Geraden. Die Bilder der Parallelkreise sind zueinander parallel und liegen senkrecht zum Bild des Mittelmeridians. Für die analytische Untersuchung der Abbildung werde der Äquator mit der ξ-Achse und der Mittelmeridian mit der η-Achse eines kartesischen Achsenkreuzes zur Deckung gebracht.

Auf der Einheitskugel hat ein Parallelkreis der Breite v den Umfang $U = 2\pi \cos v$. Wegen der Proportionalität von Bogenlänge auf dem Parallelkreis und Längendifferenz gilt

$$\xi = u \cos v; \tag{16a}$$

wegen der Längentreue des Mittelmeridians und der Parallelität der Breitenkreisbilder gilt weiter

$$\eta = v. \tag{16b}$$

Die Bilder der Meridiane sind Kosinus-Linien, deren Amplituden auf dem Äquator meßbar sind, und die Bilder der Pole sind gemeinsame Knotenpunkte der Kosinus-Linien. Die Kontur der Planisphäre wird von zwei Kosinus-Linien gebildet mit den Amplituden $\xi_1 = -\pi$ bzw. $\xi_2 = \pi$. Wegen

$$a \int_{-\frac{\pi}{2}}^{\frac{\pi}{2}} \cos x \, dx = 2a$$

besitzt das durch die Planisphäre überdeckte ebene Flächenstück den Inhalt $A = 4\pi$, was mit der Oberfläche der hier abgebildeten Einheitskugel übereinstimmt.

Es soll nun gezeigt werden, daß für diesen Entwurf die Flächentreue auch lokal erfüllt ist. Hierzu sind die partiellen Ableitungen von ξ und η nach u und v bereitzustellen. Es gilt

$$\xi_u = \cos v, \qquad \xi_v = -u \sin v, \qquad \eta_u = 0, \quad \eta_v = 1.$$

Für die metrischen Fundamentalgrößen folgt

$$\tilde{E} = \cos^2 v, \qquad \tilde{F} = -u \sin v \cos v, \qquad \tilde{G} = 1 + u^2 \sin^2 v.$$

Wegen

$$\tilde{E}\tilde{G} - \tilde{F}^2 = (1 + u^2 \sin^2 v) \cos^2 v - u^2 \sin^2 v \cos^2 v = \cos^2 v$$

ist der Nachweis der Flächentreue erbracht (vgl. Abschnitt 10., Gl. 26). Die Winkeltreue ist sicher nicht erfüllt, denn wegen $\tilde{F} = -u \sin v \cos v$ bleibt die Rechtschnittigkeit des Netzes nur für die Punkte des Mittelmeridians und des

Äquators gewahrt. Daher interessiert der Zugang zur Verzerrungsellipse für einen Punkt allgemeiner Lage.

Wegen der Flächentreue und der längentreuen Wiedergabe der Parallelkreise geht die Tissotsche Indikatrix für einen Punkt $\tilde{P}$ allgemeiner Lage aus dem Einheitskreis um P durch eine Scherung hervor. Das Bild des Parallelkreises ist die Fixgerade dieser Scherung, und die Tangente an den Meridian durch $\tilde{P}$ ist ein zur Fixgeraden konjugierter Durchmesser der Verzerrungsellipse. Die Endpunkte dieses Durchmessers liegen auf Parallelen im Abstand Eins zur Fixgeraden, denn bei einer Scherung verlaufen die Affinitätsstrahlen parallel zur Fixgeraden.

Die Achsen der Ellipse können, wie im Abschnitt 15.1. (Abb. 51), konstruktiv mit Hilfe der Rytzschen Achsenkonstruktion gefunden werden.

Mit den Achsen und ihren Längen hat man die Hauptverzerrungsrichtungen, die Hauptverzerrungen sowie das Verzerrungsmaß und die mittlere Verzerrung der Abbildung im Punkt $\tilde{P}$.

Das Netz verdeutlicht, daß die Randzonen durch Schiefschnittigkeit belastet sind. Trotz der Flächentreue wird hierdurch die Anschaulichkeit sehr gestört, außerdem verletzt die Wiedergabe der Pole als Eckpunkte der Kontur der Planisphäre unsere Vorstellung von einer Kugel (Abb. 57).

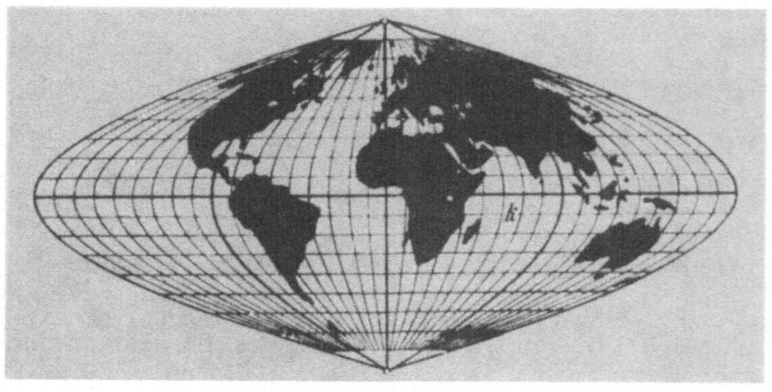

Abb. 57. Planisphäre nach MERCATOR/SANSON

In neuerer Zeit ist dieser Entwurf zwar fast vollständig aus den Atlanten verschwunden, doch für die Kartenentwurfslehre ist er von historischer Bedeutung. Wegen der Einfachheit der Abbildungsgleichungen verwendet man ihn als Ausgangselement, um durch Umbeziffern zu neuen Kartenentwürfen zu gelangen.

Der Vorschlag für diesen Netzentwurf geht auf MERCATOR zurück, und seit 1650 wurde der Entwurf von dem französischen Kartographen NICOLAS SANSON D. Ä. (1600–1667) vielfältig popularisiert. Er gab insgesamt 140 großformatige Einzelkarten und den „Atlas von Frankreich" heraus. Seine Söhne NIKOLAS, GUILLAUME und ADRIEN setzten das kartographische Werk ihres Vaters fort und beherrschten mit ihren Karten den französischen Markt.

15.5. Mollweidescher Entwurf

Der von dem deutschen Astronomen KARL BRANDAU MOLLWEIDE (1774–1825) im Jahre 1805 veröffentlichte Netzentwurf führt die Gesamtheit der Globusmeridiane in ein koaxiales Berührungsbüschel von Ellipsen über. Die Bilder der Pole liegen in je einem der beiden Berührungspunkte des Büschels; die Bilder von Äquator und Nullmeridian sind die gemeinsamen Achsen der Ellipsen des Büschels.

Breitenkreise bilden sich auf Parallelen symmetrisch zum Bild des Äquators ab. Die Abbildung erfüllt die Forderung der Flächentreue (Abb. 58).

Das Bild der von den Meridianen 90° östlicher und westlicher Länge begrenzten Halbkugel geht in einen Kreis über, dessen Mittelpunkt im Schnitt der Bilder von Äquator und Nullmeridian liegt. Unser gesamter Globus bildet sich auf eine Ellipse ab, deren halbe Hauptachse gleich der Länge des Kreisdurchmessers ist, was notwendig aus der Forderung der Flächentreue folgt. Zur Aufstellung der Abbildungsgleichungen werde in der Bildebene ein kartesisches Achsen-

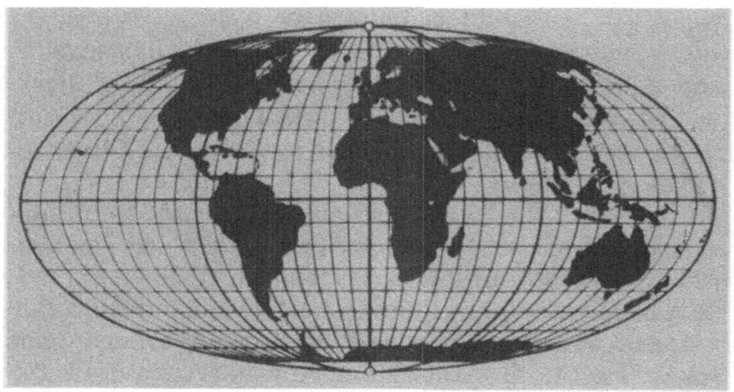

Abb. 58. Planisphäre nach MOLLWEIDE

kreuz eingeführt: die ξ-Achse deckt sich mit dem Äquator und die η-Achse mit dem Nullmeridian. Zunächst sollen die Achsenlängen der Umrißellipse unter globaler Wahrung der Flächentreue bestimmt werden. Die vordere Hälfte des Einheitsglobus bildet sich flächentreu auf einen Kreis ab, und wegen $I = 2\pi$ für den Inhalt der Halbkugelfläche muß für den Kreisradius $b = \sqrt{2}$ gelten.

Damit liegen bereits die Länge der allen Ellipsen gemeinsamen Achse und die Bilder der Pole fest. In dem ebenen Koordinatensystem gilt $\tilde{N}(0, \sqrt{2})$, $\tilde{S}(0, -\sqrt{2})$, während die Länge der halben Hauptachse der Umrißellipse offensichtlich gleich der Länge der die Pole verbindenden Achse ist, also $a = 2\sqrt{2}$. Für den Inhalt einer Ellipse I_e gilt allgemein $I_e = \pi a b$, d. h., im hier vorliegenden Fall $I_e = 4\pi$, was genau dem Inhalt der Globusfläche entspricht. Mit diesen Festlegungen ist die globale Flächentreue gesichert.

Die Kontur der Planisphäre beim Mollweideschen Entwurf genügt der Gleichung

$$\frac{\xi^2}{8} + \frac{\eta^2}{2} = 1, \tag{17}$$

und in diesem Zusammenhang ist die Parameterdarstellung

für die Ellipse von Bedeutung. Sie lautet im vorliegenden Fall

$$\xi = 2\sqrt{2}\,\cos t, \tag{18a}$$

$$\eta = \sqrt{2}\,\sin t. \tag{18b}$$

Die Äquivalenz der durch die beiden Darstellungen (17) und (18) beschriebenen Objekte ist leicht einzusehen, wenn man Gleichung (18a) durch die Zahl $2\sqrt{2}$ und Gleichung (18b) durch $\sqrt{2}$ dividiert, die so erhaltenen Gleichungen quadriert und anschließend noch addiert. Wegen $\sin^2 t + \cos^2 t = 1$ ist die Parameterform (18) auf (17) zurückgeführt; (18) liegt die Zweikreiskonstruktion der Ellipse zugrunde. Nach Vorgabe zweier konzentrischer Kreise mit den Radien a und b in einem kartesischen Achsenkreuz kann zu einem Fahrstrahl r, der mit der positiven ξ-Achse den Winkel t einschließt, der zu t gehörige Ellipsenpunkt P in der angegebenen Weise konstruiert werden. Man sieht aus Abb. 59 sofort, daß der Parameter t keinesfalls mit der geographischen Breite v zu identifizieren ist. Zwischen t und v ist nun ein funktionaler Zusammenhang herzustellen, der die Flächentreue der Abbildung auch im kleinen sichert. Im

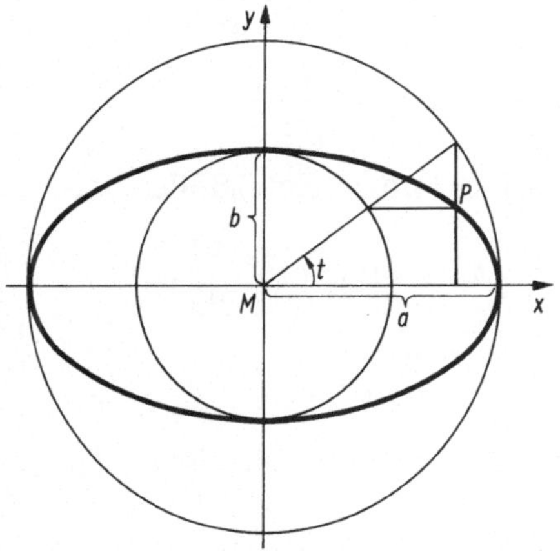

Abb. 59. Zweikreiskonstruktion der Ellipse – Zuordnung des Parameters t zum Punkt P

allgemeinen Ansatz für die Abbildungsgleichungen ist folglich $t = t(v)$ zu setzen. Für die Einarbeitung der geographischen Länge u in die Abbildungsgleichungen muß man beachten, daß $-\pi < u \leq \pi$ gilt. Andererseits hat das Äquatorbild die Länge $2a = 4\sqrt{2}$. Um die Flächentreue nicht zu zerstören, muß u als Linearfaktor bei ξ auftreten; hingegen ist η unabhängig von u, da die Bilder der Breitenkreise parallel zum Äquatorbild verlaufen.

Unter Berücksichtigung dieser Fakten kann man für die Abbildungsgleichungen folgenden Ansatz aufschreiben:

$$\xi = \frac{2\sqrt{2}}{\pi} \, u \cos t(v),$$
$$\eta = \sqrt{2} \, \sin t(v). \tag{19}$$

Der funktionale Zusammenhang von t und v ist nun so zu bestimmen, daß die Abbildung flächentreu im kleinen ist. Hierzu sind die ersten partiellen Ableitungen von ξ und η nach u und v bereitzustellen und weiterhin die metrischen Fundamentalgrößen für das Bild zu berechnen. Unter Anwendung der Kettenregel erhält man zunächst

$$\xi_u = \frac{2\sqrt{2}}{\pi} \cos t(v), \qquad \xi_v = -\frac{2\sqrt{2}}{\pi} \sin t(v) \frac{\mathrm{d}t}{\mathrm{d}v},$$
$$\eta_u = 0, \qquad\qquad \eta_v = \sqrt{2} \cos t(v) \frac{\mathrm{d}t}{\mathrm{d}v}. \tag{20}$$

Daraus folgt für die metrischen Fundamentalgrößen

$$\tilde{E} = \frac{8}{\pi^2} \cos^2 t(v), \qquad \tilde{F} = \frac{8}{\pi^2} \sin t(v) \cos t(v) \frac{\mathrm{d}t}{\mathrm{d}v},$$
$$\tilde{G} = \left[\frac{8}{\pi^2} \sin^2 t(v) + 2 \cos^2 t(v) \right] \left(\frac{\mathrm{d}t}{\mathrm{d}v} \right)^2, \tag{21}$$

und der für den Flächeninhalt bestimmende Faktor lautet damit

$$\tilde{E}\tilde{G} - \tilde{F}^2 = \frac{16}{\pi^2} \cos^4 t(v) \left(\frac{\mathrm{d}t}{\mathrm{d}v} \right)^2. \tag{22}$$

Andererseits gilt nach Abschnitt 10. Gl. (26) für die Kugelfläche

$$EG - F^2 = \cos^2 v. \tag{23}$$

Aus (22) und (23) resultiert mit der Forderung nach Flächentreue die Gleichung

$$\frac{4}{\pi} \cos^2 t \left(\frac{dt}{dv} \right) = \cos v. \tag{24}$$

Nun sind im nächsten Schritt die Variablen zu trennen:

$$4 \cos^2 t \, dt = \pi \cos v \, dv.$$

Unter Verwendung der Beziehung $2 \cos^2 t = 1 + \cos 2t$ wird zur Integraldarstellung

$$2 \int (1 + \cos 2t) \, dt = \pi \int \cos v \, dv + C$$

übergegangen, und die Auswertung der unbestimmten Integrale liefert

$$2t + \sin 2t = \pi \sin v + C. \tag{25}$$

Wie Abb. 59 verdeutlicht, folgt aus $t = 0$ notwendig $v = 0$. Damit ist in Gleichung (25) $C = 0$ zu setzen.

Die Parameter t und v sind also durch die Gleichung

$$2t + \sin 2t = \pi \sin v \tag{26}$$

miteinander verknüpft, die in der Geschichte der Astronomie als Sonderfall der Keplerschen Gleichung eine gewisse Berühmtheit erlangte. JOHANNES KEPLER (1571–1630) wies nach, daß die mathematische Beschreibung der Planetenbewegung auch die Lösung der später nach ihm benannten Gleichung erfordert.

(26) ist nicht im elementaren Sinne nach t auflösbar, und folglich gibt es auch keine geschlossene Darstellung für die Abbildungsgleichungen (19). Der Abbildungsvorgang beim Mollweideschen Entwurf wird erst durch die drei Gleichungen (19) und (26) mathematisch vollständig erfaßt.

In der kartographischen Praxis nimmt man v als gegeben an und bestimmt daraus mit (26) den entsprechenden Wert von t. Diese transzendente Gleichung für t kann mit numerischen Verfahren (z. B. Iteration) beliebig genau gelöst werden. Für die Praxis erhält man mit graphischen Verfahren in den meisten Fällen Lösungen von hinreichender Genauigkeit.

Im Vergleich zum Entwurf von MERCATOR/SANSON liefert der Mollweidesche Entwurf ein gefälligeres Gesamtbild des Globus durch den Wegfall der Spitzen, denn unserem Auge sind Ellipsen als Bilder von Kreis und Kugel besser eingängig. So fand dieser Entwurf im Laufe des 19. Jahrhunderts vielfältigste Anwendung bei Übersichtskarten der Erde (Verteilung von Bodenschätzen, Vegetation, Klima, Bevölkerungsdichten u. a. m.).

Andererseits setzte die Kritik in der bevorzugten Wiedergabe der um den Nullmeridian liegenden Länder an. Die Konturen von Europa und Afrika sind fast formtreu, während Asien, der amerikanische Doppelkontinent und Australien erheblich verzerrt erscheinen.

Die Schiefschnittigkeit der Parameterkurven in den Randzonen läßt sich offenbar nicht ausschließen, wenn bei flächentreuer Wiedergabe zugleich gefordert wird, daß sich die Pole auf Punkte abbilden.

15.6. Hammerscher Entwurf

Eine den Forderungen der Anschauung gut entsprechende Planisphäre bietet sich nach dem von ERNST V. HAMMER (1858–1925) entwickelten und im Jahre 1892 veröffentlichten Netzentwurf. Darin besitzt das flächentreu verebnete Bild des Globus eine Ellipse als Randkurve. Die sich als Punkte abbildenden Pole liegen in den Endpunkten der Nebenachse dieser Ellipse, deren Hauptachse mit dem Bild des Äquators identisch ist. Die Längen von Haupt- und Nebenachse verhalten sich wie 2:1. Im Vergleich zum Mollweideschen Entwurf ist die Schiefschnittigkeit in den Randzonen dadurch abgemindert, daß die von der Hauptachse verschiedenen Parallelkreisbilder bezüglich des Äquatorbildes konvex aufgewölbt sind.

Man gelangt zu dieser flächentreuen Planisphäre durch Modifikation des flächentreuen Lambertschen Azimutalentwurfes (vgl. Abschnitt 13.3.). Der Hauptpunkt H ist ein Punkt des Äquators, der hier in den Schnittpunkt von Äquator und Nullmeridian gelegt werde. Als Bildebene γ fungiert die Tangentialebene an den Globus $\varkappa$ in H. Ihre ξ-Achse liegt im Schnitt von γ mit der Äquatorebene von $\varkappa$, die η-Achse im Schnitt von γ mit der Ebene des Nullmeridians.

Ein Kugelpunkt P wird nach wie vor durch die geographische Länge u und die Poldistanz w erfaßt. Zur Einführung von Hilfskoordinaten zwecks Ableitung der Abbildungsgleichungen werde ein Großkreis durch die Punkte H und P gelegt, und für den Bogen $\overset{\frown}{HP}$ gelte $\tilde{w} = \overset{\frown}{HP}$.

Der in einer zum Nullmeridian senkrechten Ebene liegende Meridian schneidet den Äquator senkrecht in K und den Großkreis durch $\overset{\frown}{HP}$ senkrecht in Q (Abb. 60). In Analogie

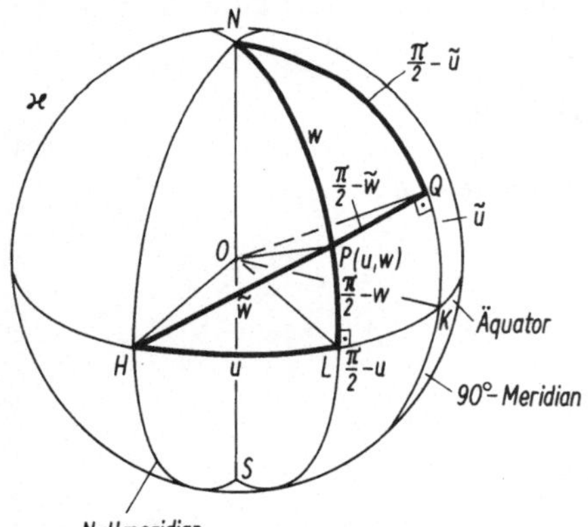

$\triangle PQN:\quad \cos w = \cos\left(\dfrac{\pi}{2} - \tilde{w}\right)\cos\left(\dfrac{\pi}{2} - \tilde{u}\right)$

$\cos w = \sin \tilde{w} \sin \tilde{u}$

$\triangle PHL:\quad \cos \tilde{w} = \cos u \cos\left(\dfrac{\pi}{2} - w\right)$

$\cos \tilde{w} = \cos u \sin w$

Abb. 60. Hilfsdarstellung zur Verdeutlichung des Überganges vom polständigen zum äquatorständigen flächentreuen Azimutalentwurf

zum normalachsigen Azimutalentwurf werde $\widehat{KQ} = \tilde{u}$ gesetzt.

Bei sinngemäßer Anwendung der Gleichungen (27) Abschnitt 13.3. hat der in γ liegende Bildpunkt $\tilde{P}$ von P folgende Koordinaten:

$$\xi = 2\sin\frac{\tilde{w}}{2}\cos\tilde{u}, \qquad \eta = 2\sin\frac{\tilde{w}}{2}\sin\tilde{u}. \tag{27}$$

Das erste Ziel besteht nun darin, in (27) die Hilfsvariablen $\tilde{u}$ und $\tilde{w}$ durch die Länge u und die Poldistanz w zu ersetzen. Hierzu sind Dreiecksbetrachtungen der sphärischen Trigonometrie erforderlich. Abb. 60 verdeutlicht die Lagebeziehungen von Äquator, Nullmeridian, Meridianen der Längen u und $\dfrac{\pi}{2}$ sowie den Großkreis durch H und P. Von Interesse sind die sphärischen Dreiecke $\triangle HLP$ und $\triangle PQN$, die beide rechtwinklig sind, mit rechten Winkeln bei L bzw. Q. Wie leicht aus Abb. 60 ablesbar, gehören zu den Dreieckseiten folgende Winkelbögen:

$$\widehat{HL} = u, \quad \widehat{LP} = R - w, \quad \widehat{HP} = \tilde{w};$$

$$\widehat{NP} = w, \quad \widehat{PQ} = R - \tilde{w}, \quad \widehat{NQ} = R - \tilde{u} \tag{28}$$

mit $R = \dfrac{\pi}{2}$.

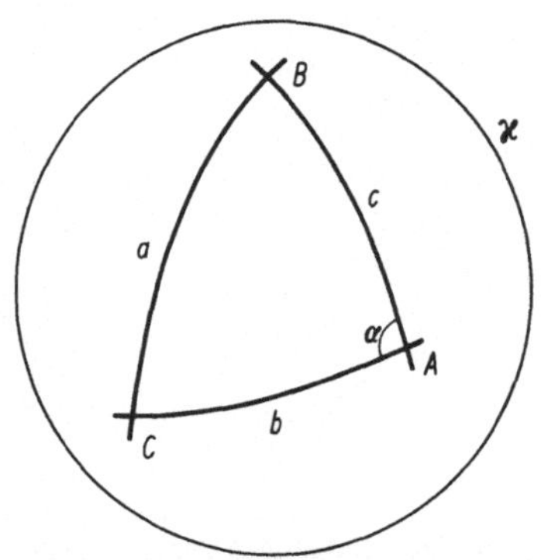

Seitenkosinussatz der sphärischen Trigonometrie:

$\cos a = \cos b \cos c$

$+ \sin b \sin c \cos \alpha$

Sonderfall: $\alpha = \dfrac{\pi}{2} \Rightarrow \cos a$

$= \cos b \cos c$

Abb. 61. Kugeldreieck zum Kosinussatz der sphärischen Trigonometrie

Für das in Abb. 61 dargestellte sphärische Dreieck gilt der Seitenkosinussatz der sphärischen Trigonometrie [1, S. 280]:

$$\cos a = \cos b \cos c + \sin b \sin c \cos \alpha. \tag{29}$$

Liegt bei A ein rechter Winkel $\left(\alpha = \dfrac{\pi}{2}\right)$, so folgt aus (29) wegen $\cos \dfrac{\pi}{2} = 0$:

$$\cos a = \cos b \cos c. \tag{30}$$

Die Anwendung der Formel (30) auf die Dreiecke $\triangle HLP$ und $\triangle PQN$ liefert mit (28) unter Beachtung der jeweiligen Lage des rechten Winkels

$$\cos w = \cos (R - \tilde{w}) \cos (R - \tilde{u}),$$
$$\cos w = \sin \tilde{w} \sin \tilde{u} \quad \text{bzw.} \tag{31}$$
$$\cos \tilde{w} = \cos u \cos (R - w),$$
$$\cos \tilde{w} = \cos u \sin w. \tag{32}$$

Diese Formeln führen uns zum Ziel, in (27) die Variablen ξ und η als Funktionen von u und w umzuschreiben. Nach Gleichung (25) in Abschnitt 13.3. gilt

$$\sin \frac{\tilde{w}}{2} = \frac{1}{\sqrt{2}} \sqrt{1 - \cos \tilde{w}} \quad \text{und wegen (32)}$$

$$\sin \frac{\tilde{w}}{2} = \frac{1}{\sqrt{2}} \sqrt{1 - \cos u \sin w}. \tag{33}$$

Wegen $\sin \tilde{w} = \sqrt{1 - \cos^2 \tilde{w}}$ folgt aus (31) und (32)

$$\sin \tilde{u} = \frac{\cos w}{\sqrt{1 - \cos^2 u \sin^2 w}}, \tag{34}$$

aus (34) folgt weiter

$$\cos \tilde{u} = \frac{\sin u \sin w}{\sqrt{1 - \cos^2 u \sin^2 w}}. \tag{35}$$

Durch Einsetzen von (33), (34) und (35) in (27) erhält man zunächst:

$$\xi = \sqrt{2} \; \frac{\sin u \sin w}{\sqrt{1 + \cos u \sin w}},$$

$$\eta = \sqrt{2} \; \frac{\cos w}{\sqrt{1 + \cos u \sin w}}. \tag{36}$$

Die Gleichungen (36) bedürfen noch zweier Korrekturen, damit sie die eingangs gestellten Forderungen erfüllen. Ein Ziel der Abbildung ist, daß sich für $u = \pi$, $u = -\pi$ der Umriß der Planisphäre ergibt. Dies sollte eine Ellipse sein, welche der Gleichung

$$\frac{\xi^2}{8} + \frac{\eta^2}{2} = 1 \tag{37}$$

genügt. Für die Halbachsen a und b dieser Ellipse gilt nämlich:

$$a = 2\sqrt{2}, \quad b = \sqrt{2}, \quad a : b = 2 : 1, \quad \pi a b = 4\pi$$

(Inhalt der Kugelfläche).

Setzt man in (36) $u = \pi$, so folgt

$$\xi = 0, \qquad \eta = \sqrt{2} \left(\cos \frac{w}{2} + \sin \frac{w}{2} \right). \tag{38}$$

Der Gegenmeridian des Nullmeridians bildet sich nach (36) und (38) auf einen Abschnitt der η-Achse ab. Um die Abbildung der Punkte der Kugel $\varkappa$ auf die Punkte der Ebene γ umkehrbar eindeutig zu machen, ist in (36) der Parameter u

durch $\frac{u}{2}$ zu ersetzen, womit sich zunächst als Umrißlinie

der Planisphäre eine Kreislinie mit $r = \sqrt{2}$ als Radius ergibt. Diese Abbildung kann nicht flächentreu sein, weil bereits ein Widerspruch bezüglich der Inhalte von Kugelfläche und Planisphäre besteht.

Eine orthogonale perspektive Affinität mit der η-Achse als Affinitätsachse und $\varrho = 2$ als Streckfaktor führt auf die gewünschte Ellipse mit dem Achsenverhältnis $a : b = 2 : 1$ und dem Inhalt $A_{\text{Ellipse}} = 4\pi$ als Umriß der Planisphäre.

Für den flächentreuen Hammerschen Entwurf lauten daher die Abbildungsgleichungen

$$\xi = 2\sqrt{2}\ \frac{\sin\dfrac{u}{2}\sin w}{\sqrt{1 + \cos\dfrac{u}{2}\sin w}},$$

$$\eta = \sqrt{2}\ \frac{\cos w}{\sqrt{1 + \cos\dfrac{u}{2}\sin w}}. \tag{39}$$

Setzt man in (39) $u = \pi$, so folgt als Parameterdarstellung der Randkurve

$$\xi = 2\sqrt{2}\ \sin w, \qquad \eta = \sqrt{2}\ \cos w.$$

Diese läßt sich leicht auf die Form (37) bringen (Abb. 62). Zunächst interessieren uns bei diesem Entwurf die Bilder der vom Äquator verschiedenen Parallelkreise. Eliminiert man nämlich aus der Parameterdarstellung (39) den Parameter u, so erhält man die zur Poldistanz w gehörige Bildkurve. Eine hier nicht vorgeführte Zwischenrechnung liefert die Gleichung

$$4\eta^4 + \xi^2\eta^2 - 16\eta^2 + 16\cos^2 w = 0, \tag{40}$$

welche $\left(\text{außer für } w = \dfrac{\pi}{2}\right)$ eine nichtzerfallende Kurve 4. Ordnung darstellt. Die Koordinatenachsen sind Symmetrieachsen der Kurve.

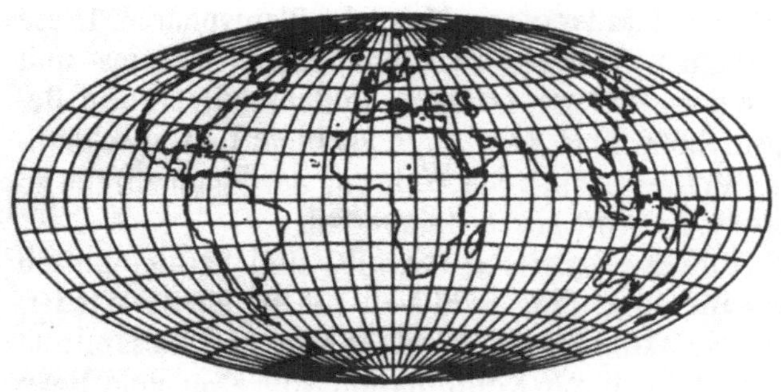

Abb. 62. Planisphäre nach HAMMER

Wegen $\cos^2\left(\dfrac{\pi}{2}+x\right)=\cos^2\left(\dfrac{\pi}{2}-x\right)$ wird durch (40) das Bild je zweier zum Äquator symmetrisch liegender Parallelkreise erfaßt.

Auch für die Bilder der vom Nullmeridian und Gegenmeridian verschiedenen Meridiane ergibt sich eine Kurve 4. Ordnung. Eliminiert man aus (39) den Parameter w, so liefert eine weitere hier nicht ausgeführte Zwischenrechnung folgende Gleichung:

$$\xi^4 + 4\left(1 + \sin^2\frac{u}{2}\right)\xi^2\eta^2 + 16\eta^4\sin^2\frac{u}{2}$$
$$- 64\eta^2\sin^2\frac{u}{2} - 16\xi^2 + 64\sin^2\frac{u}{2} = 0. \tag{41}$$

Auch diese Kurve ist symmetrisch bezüglich der Koordinatenachsen. Wegen $\sin^2 x = \sin^2(-x)$ werden durch (41) die Bilder je zweier Meridiane symmetrisch bezüglich des Nullmeridians beschrieben, wobei sich (41) genau für $u = \pi$ auf die Gleichung der Umrißellipse reduziert, nämlich

$$\frac{\xi^2}{8} + \frac{\eta^2}{2} = 1.$$

Die Hammersche Planisphäre hat bald nach ihrer Veröffentlichung in der ersten Hälfte des 20. Jahrhunderts eine vielfältige Anwendung in Schulatlanten sowie bei geographischen und populärwissenschaftlichen Darstellungen gefunden. Beispielsweise enthält ein 1955 in Berlin erschienener Schulatlas zur Erd- und Länderkunde 15 solche Planisphären. Diese veranschaulichen Aussagen zu Klima, Wetter, Meeres- und Luftströmungen, Bodennutzungen, Bodenschätzen und Bevölkerungsdichten. Das dem Auge gefällige und anschauliche ebene Bild des Globus bei Wahrung der Flächentreue sicherte diesem Entwurf große Beliebtheit.

Auch die Abbildungsgleichungen (36) sind kartographisch verwertbar, allerdings muß man sich auf die ebene Wiedergabe einer Halbkugelfläche beschränken. Ein Gesamtbild der Erde entsteht durch Kombination von zwei derartigen Bildern. Um die Geschlossenheit bei Kontinentdarstellungen zu wahren, hat sich die Einteilung in eine östliche Halbkugel (Asien, Afrika, Europa und Australien) und eine westliche Halbkugel (Amerikanischer Doppelkontinent einschließlich Grönland) eingebürgert. Als Mittelmeridiane fungieren bei diesen querständigen unechten Entwürfen der Meridian 70° östliche Länge bzw. der Meridian 110° westliche Länge. Auch hier liegen die Bilder von Meridianen allgemeiner Lage auf ebenen Kurven 4. Ordnung. Derartige Weltdarstellungen fanden in Atlanten gleichfalls weite Verbreitung. Weiterhin hat die ungleiche Verteilung der Kontinente und Ozeane auf der Globusfläche zur Einführung zweier Halbsphären geführt, nämlich zur Halbkugel der größten Landmasse und zur Halbkugel der größten Wassermasse. Hierbei gelangt der aus den Abbildungsgleichungen (36) resultierende Abbildungsvorgang – allerdings bei schiefachsiger Lage des Globus – zum Einsatz. Der Schöpfer dieses Netzentwurfes, ERNST V. HAMMER, wirkte seit 1884 als Professor für Geodäsie an der Technischen Hochschule Stuttgart und gab 1889 ein „Lehrbuch der Kartenprojektionen" heraus.

15.7. Weitere Abbildungen – vermittelnde Entwürfe

Ein dem Hammerschen Netz sehr ähnliches Koordinatennetz entsteht nach dem Entwurf des russischen Kartographen D. AITOFF (1889), der vom mittelabstandstreuen Azimutalentwurf (Abschnitt 13.1.) ausging. Für den Abbildungsvorgang ist der Globus in eine querachsige Lage zu bringen, und durch geeignete Wahl der Verdehnungsfaktoren wird das Netz von Parameterlinien in eine Ellipse eingepaßt, deren Achsen im Verhältnis 1:2 stehen. Die Pole bilden sich als Punkte ab. Trotz Verletzung der Flächentreue weist das Koordinatennetz nach AITOFF sehr viel Ähnlichkeit mit dem Netz von HAMMER auf. Es hat allerdings in Atlanten nicht diese Popularität erlangt.

Bei den vermittelnden Entwürfen und Mischkarten der Folgezeit setzte sich die Auffassung durch, die Pole nicht als Punkte, sondern als Bogenstücke (Pollinien) abzubilden. Mit Auflösung der Pole zu Pollinien wurde die Schiefschnittigkeit in diesen Bildbereichen weiter abgemindert. Repräsentativ für diese Auffassung seien im folgenden die Abbildungsprinzipien für sechs unechte Zylinderentwürfe des Geographen und Kartographen M. ECKERT-GREIFFENBERG (1868–1938) aus dem Jahre 1906 skizziert.

Grundsätzlich gilt, daß die Pollinien ebenso lang sind wie der Mittelmeridian. Der Äquator besitzt die doppelte Länge einer Pollinie, die Parallelkreise bilden sich als Geraden parallel zum Äquator ab, und alle Abbildungen sind global flächentreu (Abb. 63). Einige Entwürfe sind auch in den Breitenzonen flächentreu, jedoch nicht in den Gradabteilungen der Meridiane. Die Unterscheidungsmerkmale liegen in den Meridianbildern. Zwei Entwürfe haben geradlinige Meridianbilder mit Knickung am Äquator (Trapezentwürfe), zwei haben elliptische Meridianbilder (elliptische Entwürfe), und zwei weitere Entwürfe haben Sinuslinien als Meridianbilder (sinusoidale Entwürfe).

Ein in moderneren Atlanten vielfältig angewandter Netzent-

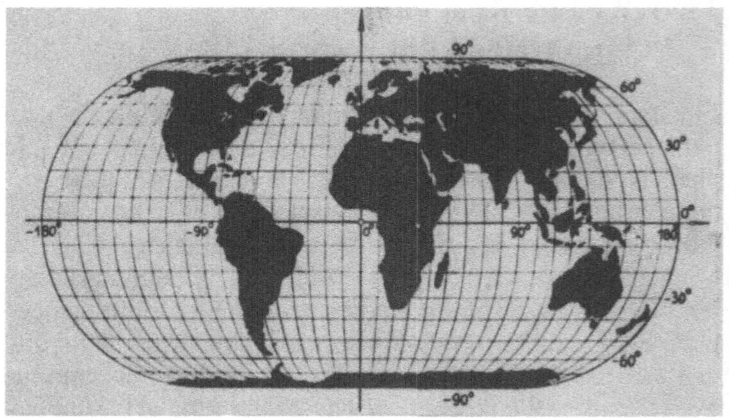

Abb. 63. Flächentreuer Entwurf nach ECKERT – Meridiane erscheinen als Halbellipsen

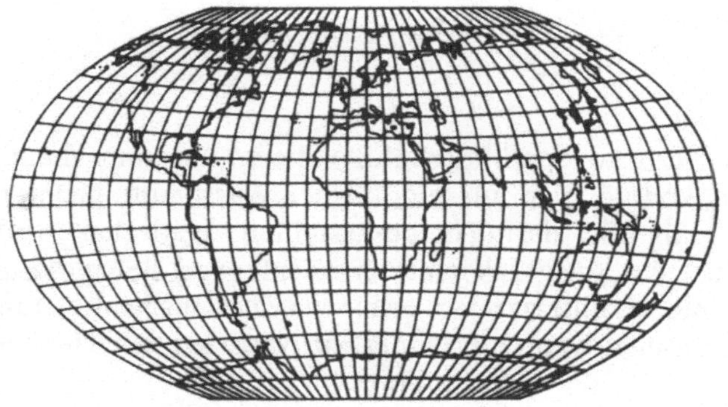

Abb. 64. Planisphäre mit Pollinien nach WINKEL

wurf ist der Winkelsche Entwurf aus dem Jahre 1913. Dieser
entsteht durch Bildung des arithmetischen Mittels zwischen
dem Aitoffschen Entwurf und dem mittelabstandstreuen Zylinderentwurf mit zwei längentreuen Parallelkreisen (Abschnitt 12.2.). Da die Abbildungsgleichungen hierzu sehr
kompliziert verschachtelt sind, führt die punktweise Einzel-
berechnung der beiden Abbildungen mit anschließender
Mittelbildung in der kartographischen Praxis schneller zum
Ziel. Dieser vermittelnde Entwurf zeichnet sich nicht durch
eine exakt erfüllte Abbildungseigenschaft aus, aber trotzdem
gilt das entstehende Bild durch seine Ausgeglichenheit in
der Form als eine der besten Planisphären (Abb. 64). Beispielsweise enthält der „Haack Hausatlas" aus dem Jahre
1968 nicht weniger als 24 Planisphären nach WINKELS Entwurf. Der Kartograph OSWALD WINKEL lebte von 1874 bis
1953 in Leipzig.

16. Schlußbetrachtung

Von der erdrückenden Materialfülle, die zu unserem Thema existiert, konnte hier nur ein kleiner Ausschnitt geboten werden. Für die darin herausgestellten Leitlinien wird auch nicht der Anspruch einer erschöpfenden Behandlung des gesamten Problemkreises erhoben, vielmehr geht es um einen repräsentativen Querschnitt zur vorliegenden Thematik.

Naturgemäß ist die Sichtung und Wichtung des überlieferten historischen Materials und ihre Aufarbeitung in der Fachliteratur ebenso wie auch die Art des methodischen und mathematischen Herangehens von subjektiven Faktoren abhängig.

Wie bereits eingangs betont, besteht das wesentliche Ziel dieses Büchleins darin, in leicht verständlicher Weise zu zeigen, wie die wissenschaftlichen Fortschritte der Kartographie mit den Entwicklungen von Mathematik, Naturwissenschaft und Technik eng verknüpft sind. Aus dieser gegenseitigen Bedingtheit können sie nicht herausgelöst werden.

Die erste verläßliche Erdumfangsbestimmung durch ERATOSTHENES steht ebenbürtig neben den Meridianvermessungen der Französischen Akademie der Wissenschaften im 18. Jahrhundert und der zahlenmäßigen Erfassung der Erdabplattung im 19. und 20. Jahrhundert. Sowohl die Vertafelung von trigonometrischen Funktionen und Logarithmen als auch die Präzisierung optischer Meßgeräte und seetüchtiger Uhren sind gleichwertige Bausteine für das Gesamtwerk der Kartographie. Die Erfindung der telegraphischen Zeichenübertragung und ihre Indienststellung für Längenvergleiche wirkte ebenso revolutionierend wie die heutigen Distanzbestimmungen mittels künstlicher Satelliten und Laserstrahlen. Die Schaffung des winkeltreuen Zylinderentwurfes durch MERCATOR erforderte den gleichen Erfindergeist wie in jetziger Zeit die Entwicklung eines besonders ansprechenden und gut brauchbaren Mischentwurfes. Jener Wagemut, den Seeleute in früheren Zeiten für Erkundungsfahrten zu ungewissen Gestaden mitbringen mußten, wird heute den Kosmonauten und Astronauten bei ihren Starts zu Weltraumunternehmungen abverlangt.

Nach aktuellen statistischen Untersuchungen sind in den zurückliegenden 100 Jahren etwa 500 neue kartographische Abbildungsverfahren von Geodäten, Kartographen und Wissenschaftlern anderer Disziplinen erarbeitet worden. Der Laie staunt über diese Fülle von brauchbaren Abbildungsmöglichkeiten des Globus in die Ebene, doch fast jeder Entwurf hatte wenigstens zu seiner Zeit eine gewisse Existenzberechtigung.

Natürlich kann man sich mit dem Gebrauch und mit dem Verständnis des Endproduktes der Kartographie begnügen; wer aber den Weg dorthin nachzugehen sich bemüht, wird daraus in vieler Hinsicht eine Bereicherung mitnehmen. Das Aufspüren der verschiedenartigsten Entwurfsprinzipien und ihre zeitliche Einordnung eröffnet nämlich auch Einblicke in ein interessantes Stück Kultur- und Geistesgeschichte. Abgesehen hiervon nehmen Karten als Informationsträger und Kommunikationsmittel im Planungs- und Medienbereich eine immer bedeutendere Stellung ein. Die Erarbeitung von optimalen Entwürfen für bestimmte Anliegen erfordert immer modernere Mittel, und die Möglichkeiten der Computer-Technik halten auch auf diesem Felde in zunehmendem Maße Einzug: Kartographische Programmsysteme lassen sich auf das Umbeziffern von Karten und Anlegen von Mischentwürfen zuschneiden. Die Computer-Kartographie eröffnet völlig neue Aspekte, um den Menschen von handwerklich-mechanischer Arbeit zu entlasten.

Unser Rückblick auf den mühevollen und keineswegs von Stagnation und Rückschritten freien Weg der vergangenen zweieinhalb Jahrtausende versperrt somit nicht etwa die Aussicht auf das Zukünftige, sondern schärft den Blick für die Schönheit wissenschaftlicher und technischer Fortschritte.

Biographischer Anhang

AGRIPPA, MARCUS VIPSANIUS (63–12 v. u. Z.), römischer Feldherr.

D'AIGUILLON, FRANÇOIS (1566–1617), Mathematiker, Physiker, Lehrer am Jesuitenkollegium in Antwerpen.

AITOFF, DANIEL (1854–1934), russischer Kartograph und Geograph.

ALBERS, HEINRICH CHRISTIAN (1773–1833), Kaufmann in Lüneburg, Privatgelehrter in Mathematik und Naturwissenschaften.

APIANUS (BIENEWITZ), PETER (1495–1552), Mathematiker, Astronom und Geograph, Professor in Ingolstadt.

APIANUS, PHILIPP (1531–1589), Sohn von PETER A., Mathematiker und Kartograph in Bayern.

ARCHIMEDES (287–212 v. u. Z.), bedeutender Mathematiker, Physiker und Techniker der Antike.

ARISTOTELES (384–322 v. u. Z.), griechischer Philosoph.

AUGUSTINUS, AURELIUS (354–430), Kirchenlehrer, Bischof von Hippo (Nordafrika).

AUGUSTUS, römischer Kaiser, regierte 31 v. u. Z. bis 14 u. Z.

BERNOULLI, JAKOB (1654–1705), Mathematikprofessor in Basel.

BESSEL, FRIEDRICH WILHELM (1784–1846), deutscher Astronom.

BOHNENBERGER, JOHANN GOTTLIEB FRIEDRICH VON (1765–1831), deutscher Mathematiker und Astronom.

BOND, HENRI (um 1600–1678), englischer Mathematiker.

BONNE, RIGOBERT (1727–1795), französischer Kartograph.

BOUGUER, PIERRE (1698–1758), französischer Geodät.

CASSINI, GIOVANNI DOMENICO (1625–1712), erster Direktor der Pariser Sternwarte, Initiator von Reformen in der Kartographie.

CASSINI, JACQUES DE THURY (1677–1756), Sohn des G. D. CASSINI, Geodät, benutzte Fernrohr mit Fadenkreuz und Logarithmentafel.

CASSINI, CÉSAR FRANÇOIS C. DE THURY (1714–1784), Sohn des J. CASSINI, Geometer und Astronom, leitete Meridianvermessungen in Frankreich.

CASSINI, COMTE JEAN DOMENIQUE (1748–1845), vollendete das Werk seines Vaters zur topographischen Aufnahme Frankreichs.

CASTORIUS (um 340 u. Z.), Kartograph in spätrömischer Zeit.

CHASLES, MICHEL (1793–1880), französischer Geometer, Professor an der Sorbonne.

CHAZELLES, JEAN-MATTHIEU DE (1657–1710), französischer Astronom und Geodät, wirkte in Marseille.

CLAIRAUT, ALEXIS CLAUDE (1713–1765), französischer Astronom und Geodät, Mitglied der französischen Akademie der Wissenschaften.

CONDAMINE, CHARLES LA (1701–1774), französischer Geodät.

COOK, JAMES (1728–1779), britischer Seeoffizier und Forschungsreisender.

CUSANUS (CUES), NIKOLAUS (1401–1464), deutscher Gelehrter und Humanist, seit 1449 Kardinal.

DANDELIN, PIERRE GERMINAL (1794–1847), belgischer Ingenieuroffizier und Geometer.

DELISLE, GUILLAUME (1675–1726), französischer Kartograph und Geograph, Schüler von G. D. CÁSSINI.

DINSE, PAUL (1866–1938), Bibliothekar und Kartenhistoriker.

DÜRER, ALBRECHT (1471–1528), Graphiker, Maler und Kunsttheoretiker der Renaissance.

ECKERT-GREIFFENBERG, MAX (1868–1938), Professor für Kartographie und Geographie an der TH Aachen.

ERATOSTHENES (um 276 bis um 195 v.u.Z.), griechischer Mathematiker und Geograph, wirkte in Alexandria.

EULER, LEONHARD (1707–1783), bedeutendster Mathematiker des 18. Jahrhunderts.

FERNEL, JEAN (1497–1558), französischer Geodät.

FRISIUS, RAINER GEMMA (1508–1555), flämischer Mathematiker.

GALILEI, GALILEO (1564–1642), italienischer Physiker und Astronom, Begründer der mathematisch-experimentellen Methode.

GAUSS, CARL FRIEDRICH (1777–1855), bedeutendster Mathematiker der Neuzeit.

GRANVELLA, PERRENOT (1517–1586), Erzbischof von Mecheln und Besançon, Kardinal.

HADLEY, JOHN (1682–1744), wirkte in London als Mathematiker und Physiker, Erfinder des Sextanten.

HALLEY, EDMOND (1656–1742), englischer Astronom und Astrophysiker.

HAMMER, ERNST V. (1858–1925), Professor für Geodäsie an der TH Stuttgart.

HARRISON, JOHN (1693–1776), englischer Chronometermacher.

HAYFORD, JOHN FILLMORE (1868–1925), Astronom und Geodät in den USA.

HEYER, ALFONS (um 1890), Kartenhistoriker in Breslau.

HIPPARCH VON NICÄA (um 190–125 v. u. Z.), bedeutendster Astronom der Antike, führte die Trigonometrie in der Astronomie ein.

HUYGENS, CHRISTIAN (1629–1695), niederländischer Physiker und Mathematiker.

KARL V. VON HABSBURG (1500–1558), von 1519 bis 1556 Kaiser des Heiligen Römischen Reiches Deutscher Nation.

KAUFFMANN, NIKOLAUS (1620–1687), deutscher Mathematiker.

KEPLER, JOHANNES (1571–1630), hervorragender Naturforscher und Astronom.

KOCHANSKI, ADAM (1631–1700), tschechischer Mathematiker und Kleriker.

KOLUMBUS, CHRISTOPH (1446–1506), italienischer Seefahrer in den Diensten Spaniens, Entdecker Amerikas.

KRASSOWSKI, FEODOSSI NIKOLAJEWITSCH (1878–1948), sowjetischer Geodät, leitete seit 1919 die geodätischen Arbeiten in der UdSSR.

KRÜGER, JOHANNES HEINRICH LOUIS (1857–1923), deutscher Geodät und Kartograph.

LAGRANGE, JOSEPH LOUIS (1736–1813), französischer Mathematiker und Physiker.

LAMBERT, JOHANN HEINRICH (1728–1777), Geometer und Physiker.

LAPLACE, PIERRE SIMON (1749–1827), französischer Mathematiker und Astronom.

LEIBNIZ, GOTTFRIED WILHELM (1646–1716), deutscher Mathematiker und Philosoph.

MAGELLAN, FERNANDO DE (um 1480–1521), portugiesischer Seefahrer in spanischen Diensten, seiner Schiffsbesatzung gelang die erste Erdumrundung.

MARINOS VON TYRUS (um 100 u. Z.), griechischer Geograph.

MAUPERTUIS, PIERRE LOUIS MOREAU DE (1698–1759), Akademiemitglied in Paris und Berlin, Mathematiker und Geodät.

MAYER, TOBIAS (1723–1762), Astronom in Göttingen.

MERCATOR, GERHARD (1512–1594), Geograph und Kartograph, Herausgeber epochemachender Karten und Atlanten.

MERCATOR, RUMOLD (1541–1600), Kartograph in Duisburg, Vollender der Werke seines Vaters GERHARD M.

MOLLWEIDE, KARL BRANDAU (1774–1825), deutscher Astronom.

NEMORARIUS, JORDANUS (gest. 1237), westfälischer Mathematiker, Astronom und Theologe.

NEWTON, ISAAC (1643–1727), englischer Mathematiker und Naturwissenschaftler, Begründer der klassischen Physik.

NICOLOSI, GIOVAN BATTISTA (1610–1670), italienischer Geograph und Kartograph.

NIEBUHR, CARSTEN (1733–1815), Forschungsreisender vorwiegend in arabischen Ländern.

NIKOLAUS I. (1796–1855), von 1825 bis 1855 russischer Zar.

NUÑEZ (NONIUS), PEDRO (1492–1577), portugiesischer Mathematikprofessor, Berater am spanischen Königshof.

PEUTINGER, KONRAD (1465–1547), humanistischer Gelehrter, sicherte die aus dem 12. Jahrhundert stammende Kopie einer antiken römischen Straßenkarte.

PICARD, JEAN (1620–1682), französischer Geodät.

PLATON (um 429–348 v. u. Z.), griechischer Philosoph.

POSEIDONIOS (um 135–51 v. u. Z.), griechischer Astronom und Historiker, letzter Universalgelehrter des Hellenismus.

POSTEL, GUILLAUME (1510–1581), französischer Kartograph und Astronom.

PTOLEMÄUS, CLAUDIUS (um 90 bis um 160 u. Z.), griechischer Astronom und Mathematiker, aus Ägypten gebürtig.

PYTHAGORAS (um 560–480 v. u. Z.), griechischer Philosoph und Mathematiker.

RICHELIEU, ARMAND-JEAN DU PLESSIS (1585–1642), Erster Minister von LUDWIG XIII.

RICHER, JEAN (1630–1696), französischer Astronom.

RÖMER, OLE (1644–1710), dänischer Astronom.

SANSON D'ABBÉVILLE, NICOLAS (1600–1667), Begründer des Verlagshauses und Herausgeber des ersten Atlas von Frankreich 1644, königlicher Geograph und Kartograph.

SANSON, GUILLAUME (1633–1703), Sohn von NICOLAS S., Kartograph und Verleger in Paris.

SANSON, ADRIAN (gest. 1718), Sohn von NICOLAS S., Kartograph und Verleger in Paris.

SNELLIUS, WILLEBRORD VAN ROYEN (1580–1626), niederländischer Naturforscher und Mathematiker, führte 1617 erstmals Meridianvermessung mittels Triangulation aus.

SOKRATES (470–399 v. u. Z.), griechischer Philosoph.

SOLDNER, JOHANN GEORG (1776–1833), Geodät in München, verdient um die kartographische Erschließung Bayerns.

STABIUS (STÖBERER), JOHANN (um 1450–1522), kaiserlicher Hofastronom in Wien.

STRABO (63 v. u. Z.–20 u. Z.), griechischer Geograph, Hauptwerk „Geographika" ist Schlüssel zur griechischen Kartographie.

STRUBECKER, KARL (geb. 1903), Professor der Mathematik an der TH Karlsruhe.

SVANBERG, JÖNS (1771–1851), schwedischer Geodät, Professor für Mathematik und Astronomie in Uppsala

THALES VON MILET (um 624–546 v. u. Z.), griechischer Naturphilosoph, betrieb Elementarmathematik.

TISSOT, NICOLAS AUGUSTE (1824–1904), französischer Geodät und Kartograph.

VESPUCCI, AMERIGO (1451–1512), italienischer Seefahrer, gewann als erster die Überzeugung, daß die von KOLUMBUS entdeckten Länder einem bis dahin unbekannten Erdteil angehören.

WERNER, JOHANNES (1468–1528), Kleriker, Mathematiker und Geograph.

WINKEL, OSWALD (1874–1953), Leipziger Geograph und Kartograph.

WRIGHT, EDWARD (1558–1615), englischer Mathematiker.

ZÖPPRITZ, KARL (1838–1885), deutscher Geograph und Kartograph.

Literatur

Mathematische Grundlagen

[1] Kleine Enzyklopädie Mathematik. Thun, Frankfurt/M. 1984

[2] KELLER, O.-H.: Analytische Geometrie und Lineare Algebra. Berlin 1957.

[3] KLOTZEK, B.: Einführung in die Differentialgeometrie, Bd. I, II. Berlin 1981, 1983.

[4] SCHEFFERS, G.; STRUBECKER, K.: Wie findet und zeichnet man Gradnetze von Land- und Sternkarten? Stuttgart 1956.

[5] SCHRÖDER, E.: Darstellende Geometrie. Berlin 1979.

[6] STRUBECKER, K.: Differentialgeometrie, Bd. II. Berlin 1958.

[7] WAGNER, K.-H.: Kartographische Netzentwürfe. Mannheim 1962.

Weiterführende Literatur

[8] BAGROW, L.: Die Geschichte der Kartographie. Berlin 1951.

[9] BALSER, L.: Einführung in die Kartenlehre. Leipzig 1951.

[10] BECKER, W.: Vom alten Bild der Welt. Leipzig 1971.

[11] CONRAD, W.: Vom Jakobsstab zur Satellitennavigation. Berlin 1979.

[12] DRECKER, J.: Planispherion. Deutsche Übersetzung in: Isis Budissina 9 (1927), 253–278.

[13] ECKERT, M.: Die Kartenwissenschaft, Bd. 1, 2. Berlin, Leipzig 1921, 1925.

[14] FIALA, F.: Mathematische Kartographie. Berlin 1957.

[15] HAKE, G.: Kartographie, Bd. I, II. Berlin 1975, 1976.

[16] HAMMER, E.: Über die geographisch wichtigsten Kartenprojektionen. Stuttgart 1889.

[17] HEISSLER, V.: Kartographie. Berlin 1962.

[18] HERTEL, G.; HERTEL, P.: Ungelöste Rätsel alter Weltkarten. Gotha 1983.

[19] HOSCHEK, J.: Mathematische Grundlagen der Kartographie. Mannheim, Wien, Zürich 1984.

[20] HOWSE, D.: Greenwich Time and the discovery of the longitude. Oxford 1980. Russ. Übersetzung: Moskau 1983.

[21] KÖBERER, W.: Das rechte Fundament der Seefahrt. Berlin 1982.

[22] KUPČIK, I.: Alte Landkarten. Deutsche Bearbeitung von A. URBANOVA. Prag 1980.

[23] LAMBERT, J. H.: Beyträge zum Gebrauche der Mathematik und deren Anwendung. Berlin 1765.

[24] SALISTSCHEW, K. A.: Einführung in die Kartographie, Bd. 1, 2. Gotha, Leipzig 1967.

[25] Tissot, A.: Netzentwürfe geographischer Karten. Deutsche Bearbeitung von E. Hammer. Stuttgart 1887.
[26] Wagner, K.-H.; Kartographische Netzentwürfe. Mannheim 1962.
[27] Zöpprrz, K.; Bludau, A.: Leitfaden der Kartenentwurfslehre, Bd. I, II. Leipzig 1899, 1908.
[28] Enzyklopädie der Kartographie. Herausgegeben von R. Arnsberger; I. Kretschmer: Wesen und Aufgaben der Kartographie, Band I/1, I/2. Wien 1975.
[29] Enzyklopädie der Kartographie. Lexikon der Kartographie, Band B. Herausgegeben von W. Witt. Wien 1984.
[30] ABC Kartenkunde. Herausgegeben von R. Ogrissek. Thun, Frankfurt/M. 1984.

Sachverzeichnis